环保管家模块化管理

李晓星　傅　尧　著

中国环境出版集团·北京

图书在版编目(CIP)数据

环保管家模块化管理 / 李晓星，傅尧著 . —北京：中国环境出版集团，2022.6（2024.7 重印）

ISBN 978-7-5111-5111-7

Ⅰ. ①环… Ⅱ. ①李… ②傅… Ⅲ. ①环境保护—环境管理—研究—中国 Ⅳ. ① X321.2

中国版本图书馆 CIP 数据核字（2022）第 058067 号

责任编辑 孙　莉
装帧设计 彭　杉

出版发行 中国环境出版集团
（100062 北京市东城区广渠门内大街 16 号）
网　　址：http://www.cesp.com.cn
电子邮箱：bjgl@cesp.com.cn
联系电话：010-67112765（编辑管理部）
010-67112736（第五分社）
发行热线：010-67125803，010-67113405（传真）

印　　刷 北京中科印刷有限公司
经　　销 各地新华书店
版　　次 2022 年 6 月第 1 版
印　　次 2024 年 7 月第 2 次印刷
开　　本 710 × 1000　1/16
印　　张 11
字　　数 202 千字
定　　价 45.00 元

内容提要

《环保管家模块化管理》共分四个部分。第一部分概念篇，介绍了环保管家的发展、优势、服务对象、服务范围、服务依据和工作程序。第二部分服务篇，介绍了环保管家的三大模块，包括企业模块、园区模块和政府模块，分别对每个模块的服务模式、服务特点、服务内容和服务方案进行了介绍。第三部分案例篇，介绍已经完成的某矿山环保管家服务案例，按照企业模块对服务模式、服务方案进行了验证，并展开了服务效果分析。第四部分建议篇，介绍了现阶段开展环保管家服务遇到的困难以及为应对困难而提出的建议和对策。

本书具有较强的应用性，可供从事环境咨询、环境管理的机构和从业人员使用，也可供环境服务需求的人员阅读使用。

《环保管家模块化管理》

编委会

主　　编：李晓星　傅　尧

参编人员：（按姓氏笔画）

文玉成　刘菁钧　杨建霞

但智刚　狄雅肖　张　歌

庞　博　胡冬雪

前言

党的十九大报告指出，建设生态文明是中华民族永续发展的千年大计，要像对待生命一样对待生态环境，实行最严格的生态环境保护制度，形成绿色发展方式和生活方式，建设美丽中国，为人民创造良好生产生活环境。党的十九大还梳理了生态文明建设所取得的新成就，提出了一系列新理念、新要求、新目标、新部署，为提升生态文明、建设美丽中国指明了前进方向。总体来看，这五年是我国生态环境保护认识最深、力度最大、举措最实、推进最快、成效最好的时期，生态环境保护取得历史性成就。

污染治理力度之大前所未有。国务院发布并深入实施了大气、水、土壤污染防治三大战役行动计划，坚决向污染宣战，并不断推进供给侧结构性改革，积极有序化解过剩产能，加大淘汰落后产能工作力度，单位产品主要污染物排放强度、单位 GDP 能耗不断降低，资源能源效率不断提升。我国已成为世界利用新能源、可再生能源第一大国。通过推进实施生物多样性保护重大工程，启动首批山水林田湖生态保护工程试点，各类自然生态系统服务功能得到提升。

制度出台频度之密前所未有。《关于加快推进生态文明建设的意见》和《生态文明体制改革总体方案》等纲领性文件相继出台。中央全面深化改革委员会审议通过了 40 多项生态文明和环境保护具体改革方案，一批具有标志性、支柱性的改革举措陆续推出，“四梁八柱”性质的制度体系不断完善。充分发挥福建、江西、贵州建设国家生态文明试验区综合平台的作用，开展重大制度创新试验。加快划定生态保护红线，有序推进省以下环保机构监测监察执法垂直管理制度改革，设立生态环境损害赔偿制度改革试点，完成国控空气质量监测站监测事权上收工作任务，国家地表水监测断面全面实施“采测分离”，落实《控制污染物排放许可制实施方案》，加强环境信息公开，使政府主导、企业主体和公众共治的环境治理体系初步形成。

执法督察尺度之严前所未有。开展四批中央环保督察，实现31个省（区、市）全覆盖，问责1.8万余人，既解决了一批突出的环境问题，又贯彻落实了“党政同责”“一岗双责”的要求。《中华人民共和国环境保护法》《中华人民共和国大气污染防治法》《中华人民共和国水污染防治法》《中华人民共和国固体废物污染环境防治法》《中华人民共和国土壤污染防治法》《中华人民共和国环境影响评价法》《中华人民共和国核安全法》《中华人民共和国环境保护税法》等一系列重要法律完成制（修）订，特别是被称为“史上最严”的新修订的《中华人民共和国环境保护法》自2015年实施以来，在打击环境违法行为方面力度空前。各级生态环境保护部门下达行政处罚决定书数量和处罚金额均大幅增长，查封扣押、停产限产、按日连续处罚成为遏制环境违法行为的重要手段和有力武器。针对环境质量持续恶化、突出问题整改不到位等问题，生态环境部公开约谈地方政府及其有关部门负责人，仅2017年就约谈30个市（县、区）政府、省直部门以及央企负责人。最高人民法院、最高人民检察院出台了办理环境污染刑事案件的司法解释，北京、陕西、河北等9个省（市）组建环境警察队伍，环境司法保障得到切实加强。

国家对环境保护要求日益严格，绿色发展的需求日益增大，加之企业和环境管理部门的环境管理能力和专业水平受限，“环保管家”服务应运而生。环保管家即为“合同环境服务”，是一种专门为政府和企业提供专业化的合同环保服务，并根据污染治理成效获取经济收益的新兴的环境服务商业模式。引入环保管家机制可实现精准溯源，快速解决环境风险隐患突出问题，有效降低企业治污成本，有效提升企业治污能力和管理水平。

环保管家的概念从2010年提出至今，国家尚未出台有关其服务的法律法规文件，同时也未颁布指导环保管家开展技术服务工作的规范和标准。为实现习近平总书记提出的碳达峰和碳中和目标，需要进一步建立与完善制度体系，形成长期绿色低碳发展的组织领导机制、碳减排治理体系、碳市场机制等政策措施保障。笔者编写此书的目的在于帮助企业和环境管理者实现绿色低碳的发展需求，为环保管家需求侧提供科学合理的污染治理路径。笔者根据多年来开展环境咨询服务工作的经验，系统地分析了环保管家服务的三大模块，梳理了不同服务模块下环保管家工作的服务特点、服务方案，为推动我国第三方环境服务业的发展贡献了技术力量。

本书共分7章，第1章的作者为傅尧、刘菁钧、张歌、文玉成，第2章的作者为庞博、胡冬雪、杨建霞，第3章的作者为傅尧、但智刚、李晓星，第4章、第5章、第7章、附录的作者为李晓星，第6章的作者为狄雅肖、李晓星。全书由李晓星修改定稿。

本书在出版过程中，得到了中国环境出版集团有关领导的高度重视和支持，责任编辑孙莉和其他相关工作人员为本书的出版付出了辛勤的劳动，在此一并表示诚挚的谢意。

限于作者的知识范围和学术水平，本书难免存在不足，敬请读者批评指正。

作者

2021年12月

[illegible]工作[illegible]，[illegible]，为[illegible]

[illegible]

本书共分7章，第1章[illegible]，第2章[illegible]，第3章[illegible]，第5章[illegible]第6章[illegible]

本书在出版过程中，得到了中国环境出版集团[illegible]

[illegible]

作者

[illegible]年12月

目录

第一部分　概念篇

第二部分　服务篇

第三部分 案例篇

第四部分 建议篇

第一部分

概念篇

Part 1

第 1 章　环保管家概述

1.1　环保管家的发展

环保管家是环境保护综合咨询服务的统称。这一概念是随着环保服务行业的发展而不断发展和深化的。2010 年 10 月,《国务院关于加快培育和发展战略性新兴产业的决定》提出将环保列入战略性新兴产业，“根据战略性新兴产业的特征，立足我国国情和科技、产业基础，现阶段重点培育和发展节能环保、新一代信息技术、生物、高端装备制造、新能源、新材料、新能源汽车等产业”“推进市场化节能环保服务体系建设”。这一文件标志着节能环保服务开始逐步明确。

2011 年 4 月,《环境保护部关于环保系统进一步推动环保产业发展的指导意见》提出系统的环境解决方案和综合服务，以加强环保产业需求侧管理为中心……着力培育环境服务业为重点；着重发展环境服务总包、专业化运营服务、咨询服务、工程技术服务等环境服务；鼓励发展提供系统解决方案的综合环境服务业，大力提升环保企业提供环境咨询、工程、投资、装备集成等综合环境服务的能力，鼓励环保企业提供系统环境解决方案和综合服务。这一文件为确定环保管家的主要业务范围提供了指导，国内各咨询机构开始了环保咨询服务工作。

2013 年 1 月,《服务业发展“十二五”规划》明确提出发展环保服务业，“重点发展集研发、设计、制造、工程总承包、运营及投融资于一体的综合环境服务”“推进环境咨询、环境污染责任保险、环境投融资、环境培训、清洁生产审核咨询评估、环保产品认证评估等环保服务业发展”“加快培育环境顾问、监理、监测与检测、风险与损害评价、环境审计、排放权交易等新兴环保服务业”。至此，环保管家的综合服务内容又得到进一步深化，清洁生产、环境风险评估、环境审计等工作被纳入环保管家的服务范围。

2014 年 12 月,《关于推行环境污染第三方治理的意见》提出，环境污染第三方治理是委托环境服务公司进行污染治理的新模式，鼓励地方政府引入环境服务公司开展综合环境服务“培育企业污染治理新模式，在工业园区等工业集聚区，引入环境服务公司”“鼓励推行环境绩效合同服务等方式引入第三方治理”。

2016 年 4 月 15 日，环境保护部在下发的《关于积极发挥环境保护作用 促进供给侧结构性改革的指导意见》中明确指出：要推进环境咨询服务业发展，鼓励有条件的工业园区聘请第三方专业环保服务公司作为环保管家，同时向园区提供监测、监理、环保设施建设运营等一体化环保服务，并制定解决方案。

2016 年 11 月，《“十三五”生态环境保护规划》明确指出：大力发展环境服务行业，开展小城镇、园区环保综合治理托管服务试点。《“十三五”国家战略性新兴产业发展规划》中明确要求，推广合同环境服务，促进环保服务整体解决方案推广应用，开展环境污染第三方治理试点和环境综合治理托管服务试点。

2016 年 12 月，《“十三五”节能环保产业发展规划》将开展小城镇、园区环境综合治理托管试点与环境服务试点作为创新节能环保服务模式的主要手段。环保管家可以说是以往合同环境服务的进一步拓展，是与专业的环保服务机构和排污企业所签署的第三方服务合同。由此，可以说环保管家服务在未来很长一段时期内都拥有很好的发展前景。

2017 年 8 月，《关于推进环境污染第三方治理的实施意见》明确提出，环境综合服务……以“市场化、专业化、产业化”为导向，推动建立排污者付费的新机制。排污者担负污染治理主体责任，并承担污染治理费用。鼓励第三方治理单位提供环境综合服务。培育企业污染治理新模式，探索效益共享型环境绩效合同服务模式（图 1-1）。

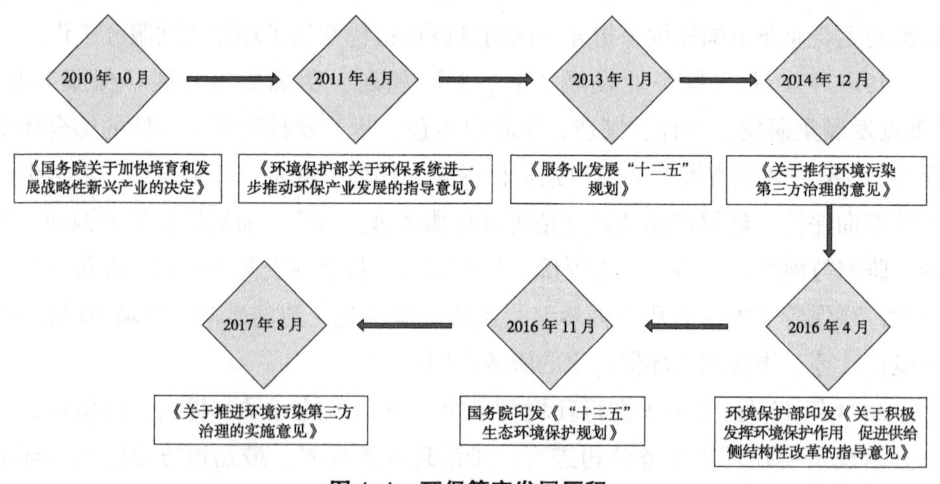

图 1-1 环保管家发展历程

目前，我国环保管家是以环境保护相关领域的资源调配、整合和优化为基础，以践行绿色发展理念、改善环境质量为核心，以推动形成绿色发展方式和生活方式、实现减污降碳协同为目标，以服务对象的环境保护需求和对环境问题的有效解决为导向，以定制化服务和平台化协同为推动力的环境综合服务，并把这种综合服务运用到环境保护中，将其看作新的环保治理模式，能满足企业环境保护多样化要求，在园区、企业等层面的环境保护工作上有着较好的应用。

1.2　环保管家的优势

在国家高度重视环境保护的背景下，提高环保管理能力是当今企业生存发展的前提和基础。作为专业的环保管家，需要能够为企业、园区和环境管理者提供科学化、标准化和常态化的检查，帮助企业、园区和环境管理者找出污染治理中存在的风险隐患，对存在的环保疑难杂症进行专业化处理，有效降低企业、园区的治污成本，提高治污能力，保证企业、园区持续、健康、稳定发展。

（1）环保管家可为政府提供决策支撑，助推实现碳达峰、碳中和（简称“双碳”）目标

对于政府来说，面对区域性环境问题，政府要改善环境质量，可通过环保管家更科学精准地制定决策，包括治理方向、治理效果。环保管家亦可针对区域性环境问题为政府提供碳达峰、碳中和方案，制定碳减排规划。

（2）环保管家可为园区提供全生命周期服务，助力实现绿色园区目标

对于园区来说，通过环保管家能够更深层次地进行专业化的管理和咨询，以及专业化的运维，使整体环境问题得到改善，运维也更加精准和合理化。环保管家亦可为园区提供产业布局、企业引进、运营管理等全生命周期环境决策服务，协助进行园区碳核查，提供碳中和思路，助力实现绿色园区的规划目标。

（3）环保管家可协同推进企业“减污降碳”工作，聚力绿色低碳发展

对于大多数企业来说，在环境管理，节能减排，减污降碳，碳达峰、碳中和等方面，企业需要作为第三方的环保管家提供信息交流方案和环保措施方案，以及下一步环保设施建设和运维的具体方案。环保管家亦可协助政府、企业和园区进行碳核查，并为他们提供“减污降碳”的思路，实现绿色低碳发展。

1.3 环保管家的服务对象

环保管家的服务对象可分为政府、企业和园区，服务内容可分为基础服务、定制服务和延伸服务 3 个模块（图 1-2）。

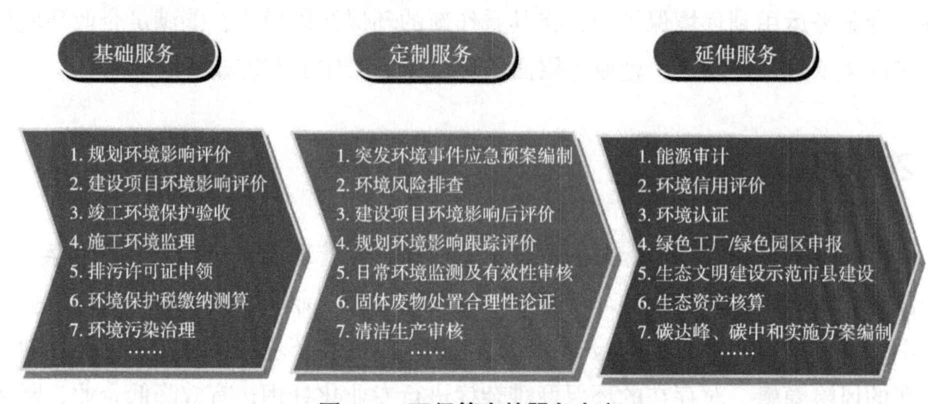

图 1-2 环保管家的服务内容

基础服务模块主要为服务对象开展规划环境影响评价、建设项目环境影响评价、竣工环境保护验收、施工环境监理、排污许可证申领、环境保护税缴纳测算、环境污染治理等基本的环保服务。

定制服务模块主要根据不同的服务对象，量身定制一套有针对性的服务内容，主要包括突发环境事件应急预案编制、环境风险排查、建设项目环境影响后评价、日常环境监测及有效性审核、固体废物处置合理性论证、清洁生产审核等。

延伸服务模块主要为满足高标准严要求的、追求绿色低碳发展的服务对象，提供能源审计，环境信用评价，环境认证，绿色工厂 / 绿色园区申报，生态文明建设示范市县建设，生态资产核算，碳达峰、碳中和实施方案编制等服务内容。

1.4 环保管家的服务范围

环保管家可为服务对象提供全生命周期的服务，涵盖规划设计、建设、验收、运营管理、退役等阶段的全过程环境管理（图 1-3）。

（1）规划设计阶段

在规划设计阶段，为服务对象提供与建设项目有关的政策解读、可行性研究、环境影响评价等技术服务，协助园区确定产业定位，合理规划产业空间布局；协助企业确定工艺选择、建设规模和公辅设施布局等。

（2）建设阶段

在建设阶段，为服务对象提供环境风险预判和优化建议、环保设施的设计、施工及环境监理等服务，提出循环经济和绿色低碳经济建设方案。

（3）验收阶段

在验收阶段，为服务对象提供排污许可服务和自主验收服务；制定环境管理制度、规程，建立环保设施运行台账等。

（4）运营管理阶段

在运营管理阶段，为服务对象提供全面环保托管服务，派驻专业的运营团队，提供方案优化、检测、运维、环境管理与培训、应急演练、风险防范及隐患排查等服务。

（5）退役阶段

在退役阶段，为服务对象提供厂址土壤污染状况调查和污染防治工作方案，为设备报废、拆除、封场、复垦、绿化等提供技术服务。

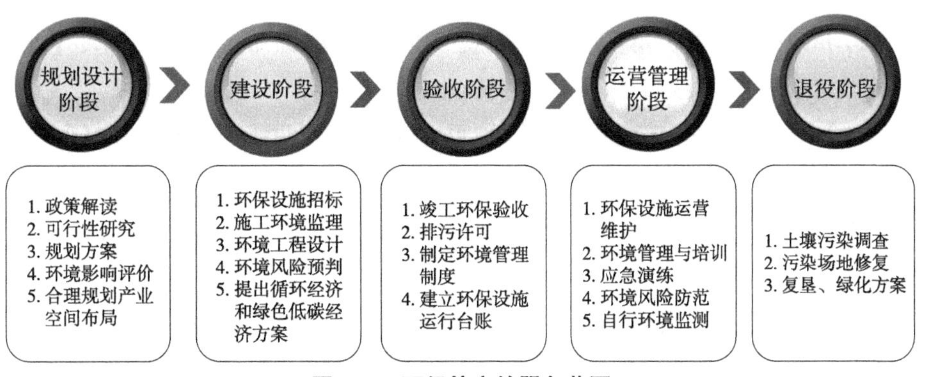

图 1-3　环保管家的服务范围

1.5　环保管家的服务依据

（1）《中华人民共和国环境保护法》（2015 年 1 月 1 日起施行）；

（2）《中华人民共和国环境影响评价法》（2018 年 12 月 29 日修正）；

（3）《中华人民共和国水污染防治法》（2017 年 6 月 27 日修正）；

（4）《中华人民共和国噪声污染防治法》（2022 年 6 月 5 日起施行）；

（5）《中华人民共和国大气污染防治法》（2018 年 10 月 26 日修正）；

（6）《中华人民共和国矿产资源法》（2009 年 8 月 27 日修正）；

（7）《中华人民共和国固体废物污染环境防治法》（2020 年 4 月 26 日修正）；

（8）《中华人民共和国土地管理法》（2019 年 8 月 26 日修正）；

（9）《中华人民共和国水土保持法》（2011 年 3 月 1 日起施行）；

（10）《中华人民共和国清洁生产促进法》（2012 年 2 月 29 日修正）；

（11）《中华人民共和国循环经济促进法》（2018 年 10 月 26 日修正）；

（12）《建设项目环境保护管理条例》（2017 年 7 月 16 日修订）；

（13）《建设项目环境保护分类管理名录（2021 年版）》（2021 年 1 月 1 日起施行）；

（14）《基本农田保护条例》（2011 年 1 月 8 日修订）；

（15）《土地复垦条例》（2011 年 3 月 5 日起施行）；

（16）《国务院办公厅转发环境保护部等部门关于推进大气污染联防联控工作　改善区域空气质量指导意见的通知》（国办发〔2010〕33 号，2010 年 5 月 11 日）；

（17）《国务院关于落实科学发展观　加强环境保护的决定》（国发〔2005〕39 号，2005 年 12 月 3 日）；

（18）《国务院关于加强环境保护重点工作的意见》（国发〔2011〕35 号，2011 年 10 月 17 日）；

（19）《突发环境事件应急管理办法》（环境保护部令第 34 号，2015 年 6 月 5 日起施行）；

（20）《关于建设项目环境保护设施竣工验收监测管理有关问题的通知》（环发〔2000〕38 号，2000 年 2 月 22 日）；

（21）《建设项目竣工环境保护验收管理办法》（2002 年 2 月 1 日起施行）；

（22）《关于印发〈环境影响评价公众参与暂行办法〉的通知》（环发〔2006〕28 号，2006 年 2 月 14 日）；

（23）《关于发布〈矿山生态环境保护与污染防治技术政策〉的通知》（环发〔2005〕109 号，2005 年 9 月 7 日）；

（24）《关于发布〈燃煤二氧化硫排放污染防治技术政策〉的通知》（环发〔2002〕26 号，2002 年 1 月 30 日）；

（25）《关于加强资源开发生态环境保护监管工作的意见》（环发〔2004〕

24 号，2004 年 2 月 12 日）；

（26）《关于核定建设项目主要污染物排放总量控制指标有关问题的通知》（环办〔2003〕25 号，2003 年 3 月 25 日）；

（27）《企业信息公示暂行条例》（国务院令第 654 号，2014 年 10 月 1 日起施行）；

（28）《环境保护公众参与办法》（环境保护部令第 35 号，2015 年 9 月 1 日起施行）；

（29）《关于印发〈突发环境事件应急预案管理暂行办法〉的通知》（环发〔2010〕113 号，2010 年 9 月 28 日）；

（30）《国家环境保护总局关于进一步加强生态保护工作的意见》（环发〔2007〕37 号，2007 年 3 月 15 日）；

（31）《环境保护部关于印发〈企业事业单位突发环境事件应急预案备案管理办法（试行）〉的通知》（环发〔2015〕4 号，2015 年 1 月 8 日）。

1.6 环保管家的工作程序

环保管家的工作程序大致可分为 3 个阶段（图 1-4）。

第一阶段：收集资料。主要收集服务对象的相关资料。政府资料包括发展规划、产业规划、能源规划、国控 / 省控的例行监测资料、重点点位加密监测资料、重点行业的环保数据等。园区资料包括园区规划及规划环境影响评价、入驻企业环保资料、园区能源统计等。企业资料包括环境影响评价、验收、环境监理、排污许可、环境保护税等。

第二阶段：制定方案。结合服务对象对环境质量的改善需求，以及国家相关要求开展现场调查工作，筛选出服务对象需要解决的重点环保问题和“卡脖子”的关键环保技术问题，并基于此制定初步的工作方案。

第三阶段：实施方案。与服务对象沟通对接，对工作方案的可行性进行论证，预判服务效果，不断修改、完善工作方案，力争服务效果达到预期目标。

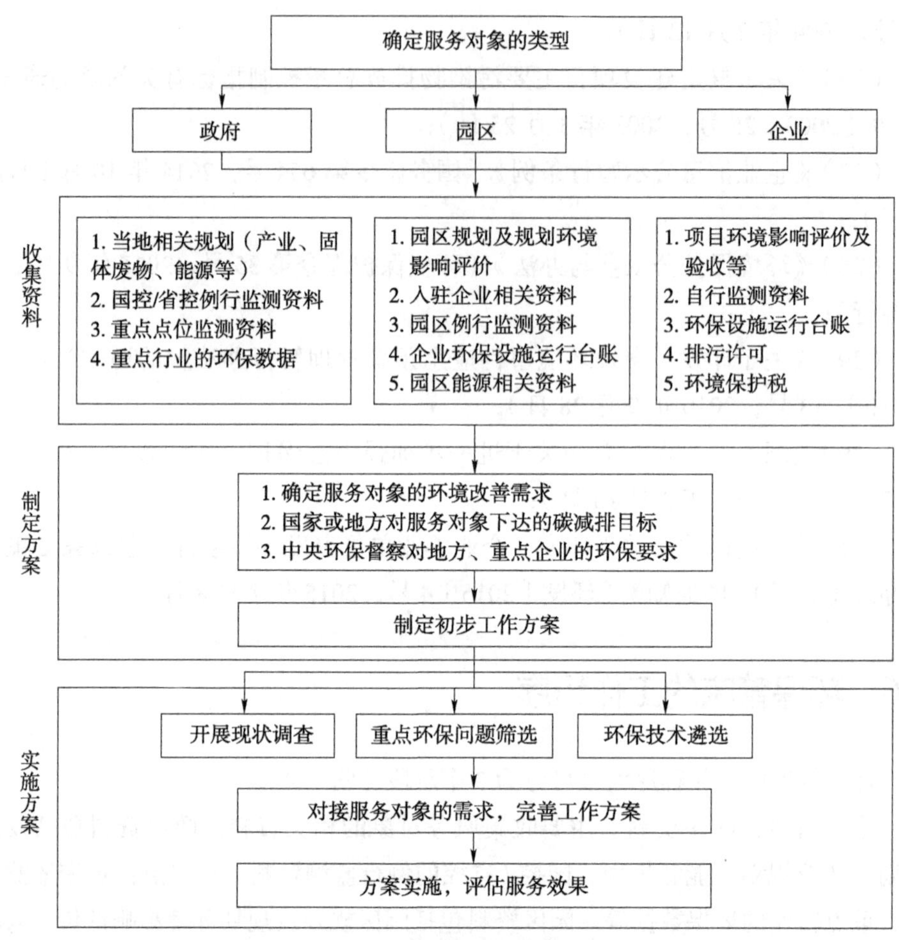

图 1-4　环保管家的工作程序

第二部分
服务篇

Part 2

第 2 章 环保管家模块化管理的探索

环保管家作为全新的服务模式，针对不同的服务主体（企业、园区和政府），根据其环境问题、发展目标、环境需求等的不同，提供的服务模式和内容也存在一定的差异。因此，环保管家需针对不同的服务主体量体裁衣，制定有针对性的服务方案，有效地为不同的服务主体提供一站式的托管环保服务。

本章主要针对 3 种不同的服务主体（企业、园区和政府），对环保管家模块化管理进行探索，将不同服务主体的服务内容划分为不同的模块，为环保市场提供精细化、等级化、个性化的服务方案。

2.1 环保管家的模块划分

在新的环保形势下，随着环境保护工作要求更加精细化，监管措施更加严格，环保执法检查日益常态化。目前，迫切需要环保管家服务的活动主体主要有企业、园区和政府。

本书将模块化管理的理念引入环保管家服务中，使环境问题精细化、环境管理等级化、环境服务个性化。环保管家具体分为 3 个模块：企业模块、园区模块和政府模块。每个模块均可开展基础服务、定制服务和延伸服务等（图 2-1）。

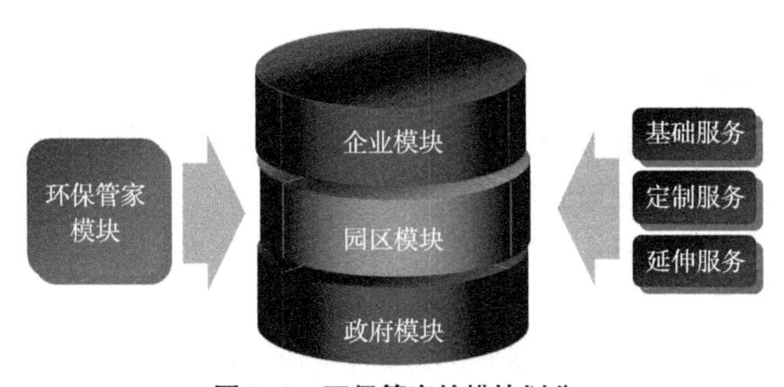

图 2-1 环保管家的模块划分

2.2 企业模块

2.2.1 服务模式

从企业角度来说，环保管家服务主要体现在前期阶段、建设阶段、验收阶段、运营阶段 4 个不同时期。其中，前期服务内容包括项目环保咨询、环保手续办理等，从项目实际展开情况出发，确定项目运行中可能引起的环境污染问题，以便为企业环境保护措施的实施提供借鉴；建设阶段的环保管家服务内容包括环境监理和环保工程设计等，在监理制度全面落实的条件下，抑制环境风险因素、提高企业项目生产中的环境管理效益，是企业稳定发展的重要前提；在验收阶段，需督促企业结合项目类型和运行特点，采取恰当的管理手段；在运营阶段，环保管家服务内容包括环保体系建立、排污许可等环境管理指导、环境决策咨询及清洁生产审核等。

2.2.2 服务特点

（1）全过程的服务

对于新建项目，可以为企业提供一条龙服务，从设计阶段介入，将清洁生产、绿色制造的理念融入项目的规划设计、建设、验收、运营管理、退役等全过程环境管理中，协助企业打造合规、绿色发展的模式。

对于已建项目，可协助企业梳理现存的环境保护问题，并为其提供有针对性的整改方案。要及时发现企业存在的环保漏洞并对漏洞进行修补，协助企业编制清洁生产、绿色制造的可行性改造方案，打造绿色低碳的发展模式。

（2）全要素的服务

环保管家服务可集合专业团队的力量，覆盖企业项目实施的全要素，即水、气、声、固体废物、生态等环境要素，同时还包括实施过程中关于环境咨询、环境培训、环境监测和各项措施落实等的内容。

2.2.3 服务内容

企业环保管家的服务内容分为基础服务模块、定制服务模块和延伸服务模块（图 2-2）。

企业模块

基础服务
环境影响后评价
污染物排放标准
污染防治设施运营
排污许可申领
环境保护税测算
强制清洁生产审核
……

定制服务
环保政策培训
环境监测数据解读
日常环境监测
环境影响后评价
固体废物处置合理性论证
自愿清洁生产审核
……

延伸服务
绿色工厂申报
绿色矿山申报
能源审计
ISO 环境管理体系认证
智慧环境管理平台建设
碳达峰、碳中和实施方案编制
……

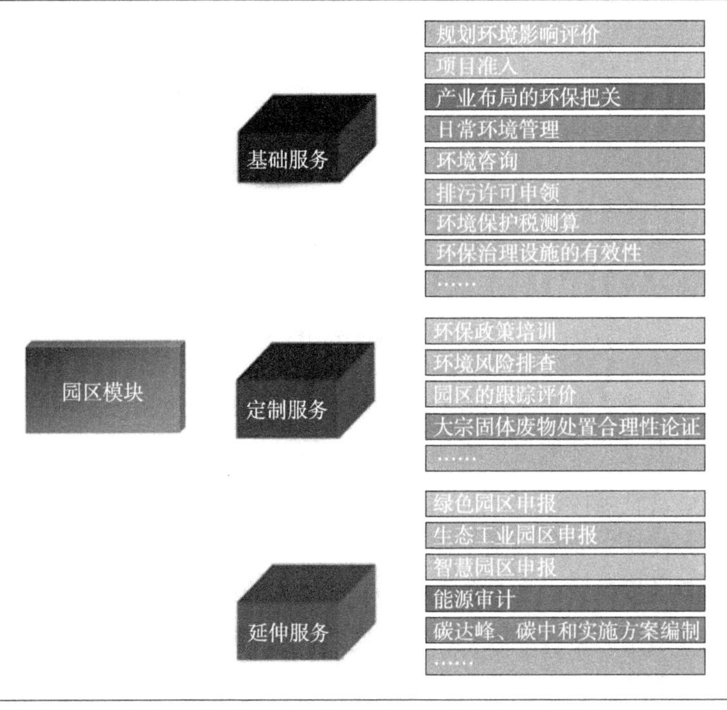

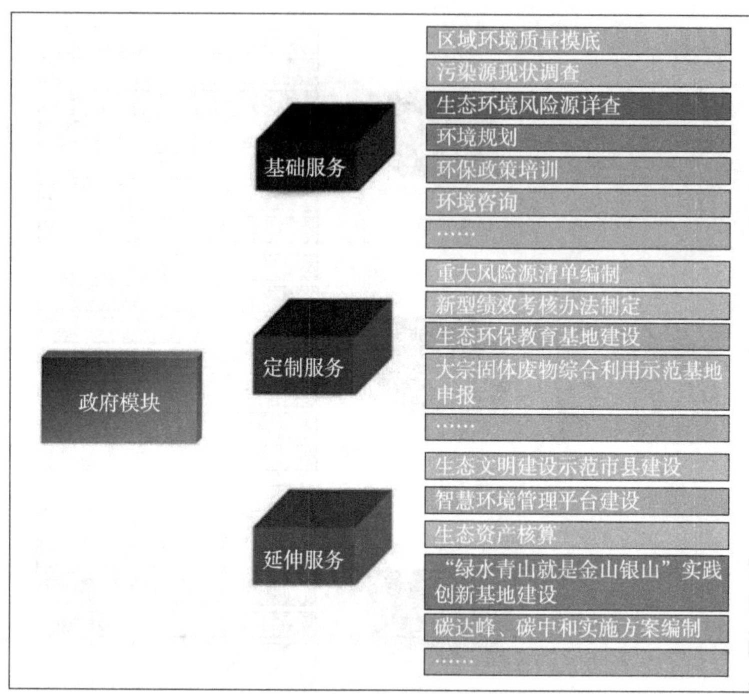

图 2-2　环保管家的模块内容

基础服务模块主要解决环境影响后评价、污染物排放标准、污染防治设施运营、排污许可申领、环境保护税测算、强制清洁生产审核等基本环境问题，使企业满足合规运营管理。

定制服务模块主要是满足企业环境管理的个性化需求，包括开展环保政策培训、环境监测数据解读、日常环境监测、环境影响后评价、固体废物处置合理性论证、自愿清洁生产审核等服务，旨在提升企业环境管理水平，初步打造低碳绿色发展的企业形象。

延伸服务模块主要是为了提升企业绿色环保形象，协助企业开展绿色工厂申报，绿色矿山申报，能源审计，ISO 环境管理体系认证，智慧环境管理平台建设，碳达峰、碳中和实施方案编制等工作，创建绿色低碳的企业发展模式。

2.3　园区模块

2.3.1　服务模式

园区的环保管家服务对象主要分为新建园区和已建园区。

对于新建园区，环保管家可以为园区提供从规划选址、设计、建设到运营等全生命周期的技术咨询服务，协助园区从环保角度完成园区产业定位、政策符合分析、区域规划布局、循环产业链构建，协助园区打造符合绿色发展需求的园区。

对于已建园区，环保管家可以为园区提供环保政策解读与培训、完善园区环保管理体系建设、合规性排放污染物、污染治理设施提标改造等技术咨询服务，协助园区完善各项环保治理设施，提高环境管理水平，打造环保合规的绿色园区。

2.3.2　服务特点

（1）协同化的服务

工业园区因涉及行业多，污染物排放复杂，环保管家成为一项综合性的课题和难题。因此，可由一家技术能力强、人员素质高的环境综合服务商牵头，发挥多家环境服务企业的特长，实现环保管家协同化合作模式，满足生态文明体制改革背景下的工业园区环境管理和污染治理需求。

（2）定制化的服务

不同类型、不同发展阶段的工业园区对环保管家的需求不同，环保管家服务的侧重点也有所不同。比如，发展比较成熟的国家级园区对环保管家的政策把控能力和专业化程度要求较高，因此，环保管家应在园区整体的环境质量和风险防控方面发挥智库作用，侧重于环境管理水平的提升。而环保基础条件比较薄弱的乡镇园区则更需要环保管家在人员和专业上予以支持，侧重于协助政府规范环境管理并指导企业在环境治理方面的工作，以夯实环境管理基础。因此，工业园区的环保管家服务将为不同行业类型、不同发展阶段的工业园区提供定制化的服务。

2.3.3 服务内容

工业园区环保管家的服务内容分为基础服务模块、定制服务模块和延伸服务模块。

基础服务模块主要为服务对象提供工业园区规划环境影响评价、项目准入及产业布局的环保把关、日常环境管理、环境咨询、排污许可申领、环境保护税测算、环保治理设施的有效性等服务，打造环保合规的工业园区。

定制服务模块主要针对不同类型、不同发展阶段的工业园区，为服务对象提供环保政策培训、环境风险排查、园区的跟踪评价、大宗固体废物处置合理性论证等服务，初步打造循环经济、绿色发展的低碳园区。

延伸服务模块主要协助园区开展绿色园区申报，生态工业园区申报，智慧园区申报，能源审计，碳达峰、碳中和实施方案编制等，旨在提升工业园区的环保定位，以打造绿色低碳、符合国内外环保要求的先进工业园区为最终目标。

2.4 政府模块

2.4.1 服务模式

目前在以下3个方面开展政府环保管家服务工作：一是在政策层面，围绕国家生态文明建设，在各项环境标准不断完善和提高、各类环保政策陆续出台的背景下，为地方政府和企业梳理及解读与环境相关的政策，确保政策最终贯彻实施；二是在技术层面，依托第三方的技术优势，从环保部门关注的水、土、大气、声、固体废物、生态等方面，对辖区内环境质量状况和污染情况进行有层次的普查及详查工作，为政府摸清“环境家底”；三是在管理层面，通过第三方环境服务机构提供的环保管家帮助政府明确企业及相关方的主体责任，政府部门可建立环保责任追究及环境污染损害赔偿制度，通过约谈、环境督察、环境诉讼、环境法庭等多元化的方式，提高环境执法力度。通过上述环保管家提供的服务，最终使政府部门间的协作默契度得到加强，使环境执法能力、环境管理能力得到进一步提升。

2.4.2 服务特点

（1）“全闭环”的服务

基于政府环境管理部门对生态环境保护工作的高标准要求、高水平管理，环保管家可采取问题清单、整改清单、正负面清单“三张清单”管理办法，创新生态监管机制，以整合管理资源、提升监管效能、消除环境监管盲区为重点，健全“区+镇（街）+村（社区）+环保管家”四级网格化监管体系，构建“全覆盖”“无死角”的监管机制；定期开展巡查，建立常态化培训培育及结对帮扶机制。针对重点排污企业，环保管家全程陪同参与“把脉问诊”，“一对一”制定标准化整改方案，实现“全闭环”的环境监管模式。

（2）高效监管的服务

环保管家可以在辖区内定期开展相关摸底排查工作，获取相关的企业产品、原辅材料、治理设施运行状况、日常检测报告、应急预案以及危险废物处理等信息。同时，环保管家可以根据相关信息开展分析工作，进而为服务主体提供具体的改进建议和措施，比如，对企业的整改工作进行指导。环保管家还会定期对服务主体开展相关抽查工作，将具体结果向环境管理部门进行反馈，以此形成高效的动态监管模式。

2.4.3 服务内容

政府环保管家的服务内容包括基础服务模块、定制服务模块和延伸服务模块。

基础服务模块主要为政府环境管理部门提供区域环境质量摸底、污染源现状调查、生态环境风险源详查、环境规划、环保政策培训、环境咨询等服务，为地方政府梳理环境问题清单、整改清单和正负面清单，建立辖区内企业动态环保档案，实现区域环境科学治理、精准管控。

定制服务模块主要开展重大风险源清单编制、新型绩效考核办法制定、生态环保教育基地建设、大宗固体废物综合利用示范基地申报等服务，协助地方政府加快推进生态文明治理体系和治理能力现代化，促进生态环境质量不断改善。

延伸服务模块主要协助政府推动“双碳”目标的实现，开展生态文明建设示范市县建设，智慧环境管理平台建设，生态资产核算、“绿水青山就是金山银山”实践创新基地建设，碳达峰、碳中和实施方案编制等服务，打造以绿色发展为核心竞争力的辖区。

第3章　企业模块的服务方案

3.1　对接需求

与有意向的企业进行沟通，了解企业的基本情况及其对于环保方面的需求，重点了解企业对环保技术和环境管理的需求，及时制定服务方案。

3.2　资料收集

（1）新建企业

对于新建企业，主要收集以下资料：

① 可行性研究报告及图纸；

② 设计报告及图纸；

③ 污染物排放及污染治理设施的定位需求。

（2）已建企业

对于已建企业，主要收集以下资料：

① 环境影响评价报告及图纸；

② 自主验收报告及图纸；

③ 排污许可证；

④ 环境保护税的缴纳凭证；

⑤ 清洁生产审核；

⑥ 环保治理设施运行台账；

⑦ 环境风险应急预案及演练情况；

⑧ 危险废物处置台账；

⑨ 环境管理制度；

⑩ 水、气、声、土壤等例行监测资料。

3.3　现场调研

初步分析收集到的环保资料，对接企业的环保需求，开展初步的现场踏勘工作。其基本目标是进行现状调查并对实际情形与书面资料进行对照和确认，调查与企业相关的环境现状，包括自然环境现状、环境保护目标、环境质量现状、区域污染现状、污染防治设施和环境风险隐患排查等方面。

（1）自然环境现状调查

包括地形地貌、气候与气象、地质、水文、大气、地表水、地下水、声、生态、土壤、海洋、放射性及辐射（如有必要）等调查内容。

（2）环境保护目标调查

调查评价范围内的环境功能区划和主要的环境敏感区，详细了解环境保护目标的地理位置、服务功能、四至范围、保护对象和保护要求等。

（3）环境质量现状调查

根据企业建设项目特点、可能产生的环境影响及当地环境特征，选择环境要素进行调查。

（4）区域污染现状调查

选择建设项目的常规污染因子和特征污染因子、影响评价区环境质量的主要污染因子和特殊污染因子作为主要调查对象，注意不同污染源的分类调查。

（5）污染防治设施调查

现场详细检查企业的污染防治设施及生产工艺，包括锅炉、除尘设施、污水处理站、噪声防治设施、固体废物（尤其是危险废物）处置设施等运行情况，形成现场问题清单。检查主要以现场调研、人员访谈和问卷调查等形式进行。

（6）环境风险隐患排查

基于建设项目的行业特征，根据企业面临的环境问题和存在的环保隐患，编制现场重点检查系统表，包含大气、水、土、危险废物、噪声、环境风险等，将环境风险隐患排查作为环境应急工作常态化管理和全过程管理的重要抓手，通过排查检查，建立健全日常监管、风险评估、预案管理等环境应急管理工作的长效机制。

3.4　方案制定

根据现场踏勘的基本情况，结合国家和地方关于环境保护的要求、企业的环境管理需求，制定工作方案。工作方案包括企业环境保护现状、现有环境问题梳理、环保管家提供的服务项目、整改方案等内容。

3.4.1 企业环境保护现状

通过资料收集和现场调研，对企业的环境保护现状进行梳理，内容包括以下几个方面：

①环保手续：开展环境影响评价和验收等环保手续资料达标摸底评估工作，提前做好诊断并提出对策建议。

②污染物达标：对企业例行监测数据进行梳理分析，必要时对企业现状开展补充监测，全面分析企业大气、水、土壤、噪声等污染达标情况。

③污染治理设施：对企业的污染防治设施运行台账进行梳理，并查看设施的运营状况，分析是否按照环境影响评价及验收等“三同时”的要求执行。

④环境管理制度：核查企业的环境管理制度是否完善，环境风险应急预案是否备案并开展演练，环境信息是否按照要求进行公开等。

3.4.2 现有环境问题梳理

根据书面资料和现场检查情况汇总企业环境保护现状，梳理出企业现存的环境问题，并形成问题清单。按照环境要素进行分类，企业环境问题包括大气类、水类、噪声类、固体废物类、土壤及地下水类、环境风险类、环境管理类等 7 类（图 3-1）。通过分类，方便企业对环境问题进行总结，并采取整改措施。

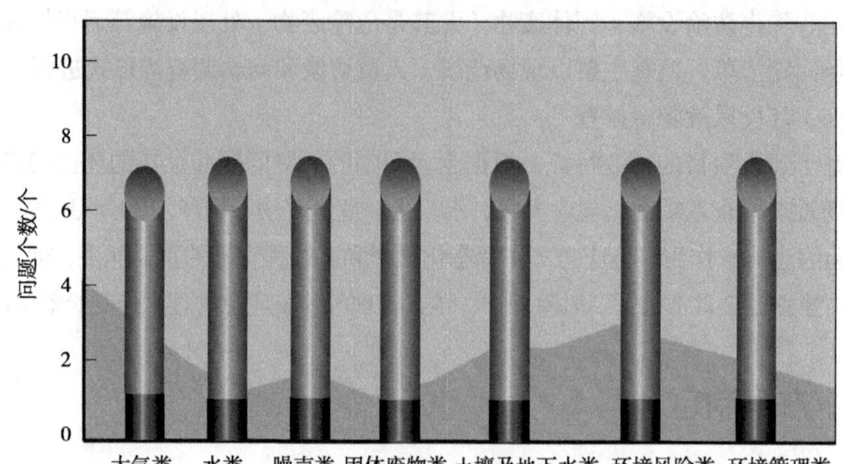

图 3-1 企业环境问题分类

根据梳理出的环境保护问题清单，对各个环境问题进行风险等级划分，可分为重大环境风险、较大环境风险、一般环境风险 3 类。划分等级后，针对环保问题进行责任认定，这大大方便了企业的环境管理及应对工作（图 3-2）。

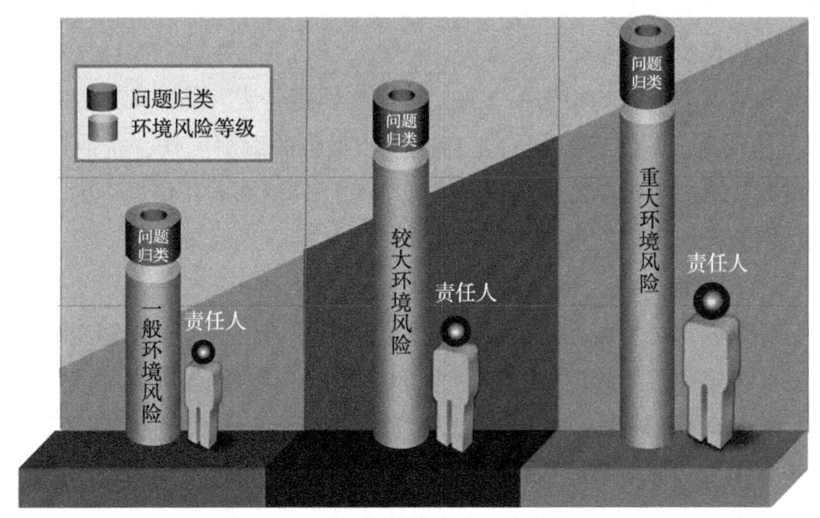

图 3-2　环境风险等级认定及责任划分

3.4.3　服务项目

根据梳理出的企业环境问题及环境风险等级认定，结合企业对高标准环境管理的需求程度，在国家和地方环保政策的要求下，为企业提供不同等级的环保管家服务项目，该服务项目主要分为基础模块、定制模块和延伸模块。

3.4.3.1　基础模块

主要解决国家及地方法律法规强制落实的“三同时”手续、污染物排放标准、污染防治设施、排污许可、环境保护税、强制清洁生产审核等基本环境问题，使企业满足合规运营管理的条件。

（1）环保手续的梳理

环保督察工作的重点之一就是查看企业的环保手续是否齐全。所谓的环保手续包括建设项目的环境影响评价报告和环境影响评价批复、建设项目的自主环保验收、未批先建时是否纳入所在省份的清理备案项目中等。例如，矿山开采项目，要重点协助企业梳理废石场、矸石场的占地是否满足国家及地方的环保要求。

①环境影响评价的手续。

企业在设计阶段，需要同步编制《环境影响报告书》或“环境影响报告表”，编制完成后需取得有审批权限的生态环境主管部门的批复。此批复将作为环境影响评价手续履行的重要依据（具体内容见附录 1）。

②竣工环保验收的手续。

企业按照《环境影响报告书》或“环境影响报告表”的要求，对环保设施进行施工，建设完成后，需开展自主环保验收报告的编写工作，企业可以自主编制，亦可委托第三方编制，以核实企业是否按照环境影响评价提出的环保措施进行落实；编制完成后需在网站上进行公示（具体内容见附录 2）。

（2）环境咨询

在服务期内，可为服务对象提供全方位的环境咨询服务，定期组织现场环境问题诊断并确定整改措施清单；根据企业的需求，及时提供项目环境影响评价问题咨询、竣工环保验收、排污许可证申领及执行情况、环境保护税测算及缴纳、清洁生产审核过程环境问题的咨询、环境治理方案可行性评估建议以及可行性研究报告的编制、企业 A 级环境绩效分级咨询服务、信息公开、环保台账管理等全方位的环境咨询服务。

①排污许可证的申领。

企业需根据《固定污染源排污许可分类管理名录》，确认自己是否在排污许可管理名录中，若属于排污许可管理名录中的行业，则需按照《排污许可管理办法（试行）》开展排污许可证申领工作（具体内容见附录 3）。

②环境保护税的缴纳。

直接向环境中排放应税污染物的企业，需按照《中华人民共和国环境保护税法》缴纳环境保护税（具体内容见附录 4）。

③清洁生产审核。

清洁生产审核是指按照一定程序，对生产和服务过程进行调查和诊断，找出能耗高、物耗高、污染重的原因，提出降低能耗、物耗、废物产生，以及减少有毒有害物料的使用、产生和废弃物资源化利用的方案，进而选定并实施技术经济及环境可行的清洁生产方案的过程（具体内容见附录 5）。

纳入强制清洁生产审核的企业，应按时开展清洁生产审核。未纳入强制清洁生产审核的企业，可自愿开展清洁生产审核。

（3）污染物排放标准

对于新建企业，可以根据国家、地方和行业的要求，梳理相关污染物排放标准，同时收集其他地区更严格的污染物排放标准以做参考。

对于已建企业，可以协助企业更新国家、地方和行业最新的污染物排放标准，对标企业执行的标准，核查是否需要进行提标改造。

污染物排放标准按环境要素分为水、大气、噪声、土壤、固体废物处置、核辐射与电磁辐射等方面的污染物排放标准。

①水污染物排放标准。

目前，国家发布的水污染物排放标准共计 62 项（表 3-1）。

表 3-1 国家发布的水污染物排放标准

序号	标准名称	标准号
1	《电子工业水污染物排放标准》	GB 39731—2020
2	《船舶水污染物排放控制标准》	GB 3552—2018
3	《石油炼制工业污染物排放标准》	GB 31570—2015
4	《再生铜、铝、铅、锌工业污染物排放标准》	GB 31574—2015
5	《合成树脂工业污染物排放标准》	GB 31572—2015
6	《无机化学工业污染物排放标准》	GB 31573—2015
7	《电池工业污染物排放标准》	GB 30484—2013
8	《制革及毛皮加工工业水污染物排放标准》	GB 30486—2013
9	《合成氨工业水污染物排放标准》	GB 13458—2013
10	《柠檬酸工业水污染物排放标准》	GB 19430—2013
11	《麻纺工业水污染物排放标准》	GB 28938—2012
12	《毛纺工业水污染物排放标准》	GB 28937—2012
13	《缫丝工业水污染物排放标准》	GB 28936—2012
14	《纺织染整工业水污染物排放标准》	GB 4287—2012
15	《炼焦化学工业污染物排放标准》	GB 16171—2012
16	《铁合金工业污染物排放标准》	GB 28666—2012
17	《钢铁工业水污染物排放标准》	GB 13456—2012
18	《铁矿采选工业污染物排放标准》	GB 28661—2012

序号	标准名称	标准号
19	《橡胶制品工业污染物排放标准》	GB 27632—2011
20	《发酵酒精和白酒工业水污染物排放标准》	GB 27631—2011
21	《汽车维修业水污染物排放标准》	GB 26877—2011
22	《弹药装药行业水污染物排放标准》	GB 14470.3—2011
23	《钒工业污染物排放标准》	GB 26452—2011
24	《磷肥工业水污染物排放标准》	GB 15580—2011
25	《硫酸工业污染物排放标准》	GB 26132—2010
26	《稀土工业污染物排放标准》	GB 26451—2011
27	《硝酸工业污染物排放标准》	GB 26131—2010
28	《镁、钛工业污染物排放标准》	GB 25468—2010
29	《铜、镍、钴工业污染物排放标准》	GB 25467—2010
30	《铅、锌工业污染物排放标准》	GB 25466—2010
31	《铝工业污染物排放标准》	GB 25465—2010
32	《陶瓷工业污染物排放标准》	GB 25464—2010
33	《油墨工业水污染物排放标准》	GB 25463—2010
34	《酵母工业水污染物排放标准》	GB 25462—2010
35	《淀粉工业水污染物排放标准》	GB 25461—2010
36	《制糖工业水污染物排放标准》	GB 21909—2008
37	《化学合成类制药工业水污染物排放标准》	GB 21904—2008
38	《发酵类制药工业水污染物排放标准》	GB 21903—2008
39	《合成革与人造革工业污染物排放标准》	GB 21902—2008
40	《电镀污染物排放标准》	GB 21900—2008
41	《羽绒工业水污染物排放标准》	GB 21901—2008
42	《制浆造纸工业水污染物排放标准》	GB 3544—2008
43	《杂环类农药工业水污染物排放标准》	GB 21523—2008
44	《煤炭工业污染物排放标准》	GB 20426—2006
45	《混装制剂类制药工业水污染物排放标准》	GB 21908—2008
46	《生物工程类制药工业水污染物排放标准》	GB 21907—2008

序号	标准名称	标准号
47	《中药类制药工业水污染物排放标准》	GB 21906—2008
48	《提取类制药工业水污染物排放标准》	GB 21905—2008
49	《皂素工业水污染物排放标准》	GB 20425—2006
50	《医疗机构水污染物排放标准》	GB 18466—2005
51	《啤酒工业污染物排放标准》	GB 19821—2005
52	《味精工业污染物排放标准》	GB 19431—2004
53	《兵器工业水污染物排放标准　火炸药》	GB 14470.1—2002
54	《兵器工业水污染物排放标准　火工药剂》	GB 14470.2—2002
55	《城镇污水处理厂污染物排放标准》	GB 18918—2002
56	《畜禽养殖业污染物排放标准》	GB 18596—2001
57	《污水海洋处置工程污染控制标准》	GB 18486—2001
58	《污水综合排放标准》	GB 8978—1996
59	《航天推进剂水污染物排放与分析方法标准》	GB 14374—93
60	《肉类加工工业水污染物排放标准》	GB 13457—92
61	《海洋石油开发工业含油污水排放标准》	GB 4914—85
62	《船舶工业污染物排放标准》	GB 4286—84

②大气污染物排放标准。

目前，国家发布的大气污染物排放标准共计 67 项（表 3-2）。

表 3-2　国家发布的大气污染物排放标准

序号	标准名称	标准号
1	《加油站大气污染物排放标准》	GB 20952—2020
2	《储油库大气污染物排放标准》	GB 20950—2020
3	《铸造工业大气污染物排放标准》	GB 39726—2020
4	《农药制造工业大气污染物排放标准》	GB 39727—2020
5	《陆上石油天然气开采工业大气污染物排放标准》	GB 39728—2020
6	《涂料、油墨及胶粘剂工业大气污染物排放标准》	GB 37824—2019
7	《制药工业大气污染物排放标准》	GB 37823—2019
8	《挥发性有机物无组织排放控制标准》	GB 37822—2019

序号	标准名称	标准号
9	《烧碱、聚氯乙烯工业污染物排放标准》	GB 15581—2016
10	《无机化学工业污染物排放标准》	GB 31573—2015
11	《石油化学工业污染物排放标准》	GB 31571—2015
12	《石油炼制工业污染物排放标准》	GB 31570—2015
13	《火葬场大气污染物排放标准》	GB 13801—2015
14	《再生铜、铝、铅、锌工业污染物排放标准》	GB 31574—2015
15	《合成树脂工业污染物排放标准》	GB 31572—2015
16	《锅炉大气污染物排放标准》	GB 13271—2014
17	《锡、锑、汞工业污染物排放标准》	GB 30770—2014
18	《电池工业污染物排放标准》	GB 30484—2013
19	《水泥工业大气污染物排放标准》	GB 4915—2013
20	《砖瓦工业大气污染物排放标准》	GB 29620—2013
21	《电子玻璃工业大气污染物排放标准》	GB 29495—2013
22	《轧钢工业大气污染物排放标准》	GB 28665—2012
23	《炼钢工业大气污染物排放标准》	GB 28664—2012
24	《炼铁工业大气污染物排放标准》	GB 28663—2012
25	《钢铁烧结、球团工业大气污染物排放标准》	GB 28662—2012
26	《火电厂大气污染物排放标准》	GB 13223—2011
27	《平板玻璃工业大气污染物排放标准》	GB 26453—2011
28	《煤层气（煤矿瓦斯）排放标准（暂行）》	GB 21522—2008
29	《加油站大气污染物排放标准》	GB 20952—2020
30	《储油库大气污染物排放标准》	GB 20950—2020
31	《煤炭工业污染物排放标准》	GB 20426—2006
32	《饮食业油烟排放标准（试行）》	GB 18483—2001
33	《大气污染物综合排放标准》	GB 16297—1996
34	《工业炉窑大气污染物排放标准》	GB 9078—1996
35	《恶臭污染物排放标准》	GB 14554—93
36	《非道路柴油移动机械污染物排放控制技术要求》	HJ 1014—2020
37	《油品运输大气污染物排放标准》	GB 20951—2020

序号	标准名称	标准号
38	《甲醇燃料汽车非常规污染物排放测量方法》	HJ 1137—2020
39	《汽油车污染物排放限值及测量方法（双怠速法及简易工况法）》	GB 18285—2018
40	《在用柴油车排气污染物测量方法及技术要求（遥感检测法）》	HJ 845—2017
41	《轻型汽车污染物排放限值及测量方法（中国第六阶段）》	GB 18352.6—2016
42	《轻便摩托车污染物排放限值及测量方法（中国第四阶段）》	GB 18176—2016
43	《船舶发动机排气污染物排放限值及测量方法（中国第一、二阶段）》	GB 15097—2016
44	《摩托车污染物排放限值及测量方法（中国第四阶段）》	GB 14622—2016
45	《轻型混合动力电动汽车污染物排放控制要求及测量方法》	GB 19755—2016
46	《非道路移动机械用柴油机排气污染物排放限值及测量方法（中国第三、四阶段）》	GB 20891—2014
47	《非道路柴油移动机械排气烟度限值及测量方法》	GB 36886—2018
48	《柴油车污染物排放限值及测量方法（自由加速法及加载减速法）》	GB 3847—2018
49	《重型柴油车污染物排放限值及测量方法（中国第六阶段）》	GB 17691—2018
50	《重型柴油车、气体燃料车排气污染物车载测量方法及技术要求》	HJ 857—2017
51	《生活垃圾焚烧飞灰污染控制技术规范（试行）》	HJ 1134—2020
52	《车用柴油有害物质控制标准（第四、五阶段）》	GWKB 1.2—2011
53	《车用汽油有害物质控制标准（第四、五阶段）》	GWKB 1.1—2011
54	《轻型汽车车载诊断（OBD）系统管理技术规范》	HJ 500—2009
55	《车用陶瓷催化转化器中铂、钯、铑的测定　电感耦合等离子体发射光谱法和电感耦合等离子体质谱法》	HJ 509—2009
56	《空气质量词汇》	HJ 492—2009
57	《点燃式发动机汽车瞬态工况法排气污染物测量设备技术要求》	HJ/T 396—2007
58	《压燃式发动机汽车自由加速法排气烟度测量设备技术要求》	HJ/T 395—2007

序号	标准名称	标准号
59	《车用压燃式、气体燃料点燃式发动机与汽车在用符合性技术要求》	HJ 439—2008
60	《车用压燃式、气体燃料点燃式发动机与汽车排放控制系统耐久性技术要求》	HJ 438—2008
61	《车用压燃式、气体燃料点燃式发动机与汽车车载诊断（OBD）系统技术要求》	HJ 437—2008
62	《重型汽车排气污染物排放控制系统耐久性要求及试验方法》	GB 20890—2007
63	《柴油车加载减速工况法排气烟度测量设备技术要求》	HJ/T 292—2006
64	《汽油车稳态工况法排气污染物测量设备技术要求》	HJ/T 291—2006
65	《汽油车简易瞬态工况法排气污染物测量设备技术要求》	HJ/T 290—2006
66	《汽油车双怠速法排气污染物测量设备技术要求》	HJ/T 289—2006
67	《城市机动车排放空气污染测算方法》	HJ/T 180—2005

③环境噪声排放标准。

目前，国家发布的噪声污染排放标准共计 9 项（表 3-3）。

表 3-3　国家发布的噪声污染排放标准

序号	标准名称	标准号
1	《建筑施工场界环境噪声排放标准》	GB 12523—2011
2	《社会生活环境噪声排放标准》	GB 22337—2008
3	《工业企业厂界环境噪声排放标准》	GB 12348—2008
4	《摩托车和轻便摩托车定置噪声排放限值及测量方法》	GB 4569—2005
5	《三轮汽车和低速货车加速行驶车外噪声限值及测量方法（中国Ⅰ、Ⅱ阶段）》	GB 19757—2005
6	《摩托车和轻便摩托车加速行驶噪声限值及测量方法》	GB 16169—2005
7	《汽车加速行驶车外噪声限值及测量方法》	GB 1495—2002
8	《汽车定置噪声限值》	GB 16170—1996
9	《铁路边界噪声限值及其测量方法》	GB 12525—90

④土壤环境保护标准。

目前，国家发布的土壤环境保护相关标准共计 11 项（表 3-4）。

表 3-4　国家发布的土壤环境保护相关标准

序号	标准名称	标准号
1	《区域性土壤环境背景含量统计技术导则（试行）》	HJ 1185—2021
2	《污染地块地下水修复和风险管控技术导则》	HJ 25.6—2019
3	《土壤环境质量　农用地土壤污染风险管控标准（试行）》	GB 15618—2018
4	《土壤环境质量　建设用地土壤污染风险管控标准（试行）》	GB 36600—2018
5	《污染场地土壤修复技术导则》	HJ 25.4—2014
6	《场地环境监测技术导则》	HJ 25.2—2014
7	《场地环境调查技术导则》	HJ 25.1—2014
8	《温室蔬菜产地环境质量评价标准》	HJ 333—2006
9	《食用农产品产地环境质量评价标准》	HJ 332—2006
10	《土壤环境监测技术规范》	HJ/T 166—2004
11	《拟开放场址土壤中剩余放射性可接受水平规定（暂行）》	HJ 53—2000

⑤固体废物处置标准。

目前，国家发布的关于固体废物处置的标准共计 22 项（表 3-5）。

表 3-5　国家发布的固体废物处置标准

序号	标准名称	标准号
1	《医疗废物处理处置污染控制标准》	GB 39707—2020
2	《危险废物焚烧污染控制标准》	GB 18484—2020
3	《一般工业固体废物贮存和填埋污染控制标准》	GB 18599—2020
4	《低、中水平放射性固体废物近地表处置安全规定》	GB 9132—2018
5	《含多氯联苯废物污染控制标准》	GB 13015—2017
6	《生活垃圾焚烧污染控制标准》	GB 18485—2014
7	《水泥窑协同处置固体废物污染控制标准》	GB 30485—2013
8	《生活垃圾填埋场污染控制标准》	GB 16889—2008
9	《进口可用作原料的固体废物环境保护控制标准—废汽车压件》	GB 16487.13—2005
10	《进口可用作原料的固体废物环境保护控制标准—骨废料》	GB 16487.1—2005
11	《医疗废物集中处置技术规范（试行）》	环发〔2003〕206 号
12	《医疗废物焚烧炉技术要求（试行）》	GB 19218—2003

序号	标准名称	标准号
13	《关于批准 GB 19217—2003〈医疗废物转运车技术要求〉国家标准第 1 号修改单的函》	国标委工交函〔2003〕89 号
14	《医疗废物转运车技术要求（试行）》	GB 19217—2003
15	《危险废物贮存污染控制标准》	GB 18597—2001
16	《危险废物集中焚烧处置工程建设技术规范》	HJ/T 176—2005
17	《化学品测试合格实验室导则》	HJ/T 155—2004
18	《新化学物质危害评估导则》	HJ/T 154—2004
19	《化学品测试导则》	HJ/T 153—2004
20	《环境镉污染健康危害区判定标准》	GB/T 17221—1998
21	《工业固体废物采样制样技术规范》	HJ/T 20—1998
22	《环境保护图形标志　固体废物贮存（处置）场》	GB 15562.2—1995

⑥核辐射与电磁辐射污染物排放标准。

目前，国家发布的核辐射与电磁辐射污染物排放标准共计 34 项（表 3-6）。

表 3-6　国家发布的核辐射与电磁辐射污染物排放标准

序号	标准名称	标准号
1	《电离辐射监测质量保证通用要求》	GB 8999—2021
2	《核动力厂取排水环境影响评价指南（试行）》	HJ 1037—2019
3	《核动力厂运行前辐射环境本底调查技术规范》	HJ 969—2018
4	《电磁环境控制限值》	GB 8702—2014
5	《低、中水平放射性固体废物包安全标准》	GB 12711—2018
6	《低、中水平放射性废物高完整性容器——球墨铸铁容器》	GB 36900.1—2018
7	《低、中水平放射性废物高完整性容器——交联高密度聚乙烯容器》	GB 36900.3—2018
8	《低、中水平放射性废物高完整性容器——混凝土容器》	GB 36900.2—2018
9	《研究堆应急相关参数》	HJ 843—2017
10	《压水堆核电厂应急相关参数》	HJ 842—2017
11	《核燃料循环设施应急相关参数》	HJ 844—2017
12	《低、中水平放射性废物固化体性能要求—水泥固化体》	GB 14569.1—2011

序号	标准名称	标准号
13	《核动力厂环境辐射防护规定》	GB 6249—2011
14	《拟开放场址土壤中剩余放射性可接受水平规定（暂行）》	HJ 53—2000
15	《低、中水平放射性废物近地表处置设施的选址》	HJ/T 23—1998
16	《铀矿地质辐射防护和环境保护规定》	GB 15848—1995
17	《反应堆退役环境管理技术规定》	GB 14588—93
18	《铀、钍矿冶放射性废物安全管理技术规定》	GB 14585—93
19	《放射性废物管理规定》	GB 14500—93
20	《铀矿冶设施退役环境管理技术规定》	GB 14586—93
21	《核热电厂辐射防护规定》	GB 14317—93
22	《核燃料循环放射性流出物归一化排放量管理限值》	GB 13695—92
23	《低中水平放射性固体废物的岩洞处置规定》	GB 13600—92
24	《核辐射环境质量评价一般规定》	GB 11215—89
25	《建筑材料用工业废渣放射性物质限制标准》	GB 6763—86
26	《辐射环境监测技术规范》	HJ 61—2021
27	《建设项目竣工环境保护验收技术规范　广播电视》	HJ 1152—2020
28	《建设项目竣工环境保护验收技术规范　输变电》	HJ 705—2020
29	《环境影响评价技术导则　输变电》	HJ 24—2020
30	《5G 移动通信基站电磁辐射环境监测方法（试行）》	HJ 1151—2020
31	《直流输电工程合成电场限值及其监测方法》	GB 39220—2020
32	《核动力厂液态流出物中 ^{14}C 分析方法—湿法氧化法》	HJ 1056—2019
33	《辐射环境空气自动监测站运行技术规范》	HJ 1009-2019
34	《移动通信基站电磁辐射环境监测方法》	HJ 972—2018

（4）污染防治设施的运维检查

对企业开展运行期环保措施和污染防治设施的运维检查，主要包括检查废水处理设施是否有效、稳定运行；检查废气处理设施是否有效、稳定运行；检查锅炉炉渣、脱硫除尘灰渣是否及时清理，处置方式是否满足环保要求；检查危险废物是否及时贮存，处置方式是否满足环保要求；检查原料、废物堆放场所是否采取了防雨、防渗、防流失的措施，是否存在废物流失导致的环境风险；污染防治设施是否建立了完善的环保台账，记录是否完整、合规；检查自动监测设备是否有效、稳定运行，运行记录是否完整。

根据国家对污染防治设施的运维规定，结合中央环保督察的具体要求，针对企业污染防治设施日常运行维护的要求如下。

①废水污染防治。

a. 保持废水处理场所整洁，在废水处理场所内不得从事与废水处理无关的加工作业或将废水处理场所作为仓库。除必要的备用件和维修工具、检测工具外，与废水处理无关的杂物、软管和消防水带、潜水泵等必须清除，拆除与废水处理无关的管道。

b. 对于调节池、厌氧池等易产生臭气或异味的池体，应对其废气进行收集、输送、处理，以减少臭气或异味对周边环境的影响。

c. 必须设置符合要求的规范化排放口，并安装排放口标志牌。

d. 有条件的企业或明确要求设置废水检测化验室的企业，应配置排污许可证列明的许可排放污染物相对应污染物的检测设备，并对废水进行检测。

e. 在废水处理场所应悬挂环保工作人员岗位职责、污染治理设施工艺流程图及环境安全事故应急预案等标牌。

f. 处理设施的设备管理：流量计的电源线必须直接连接，不准设开关或插座；废水管道、污泥管道流向标示清晰，中间尽量不设三通管道；设施的电源线管、气管线、自来水管必须分类标识清楚，按“横平竖直”要求码齐。

g. 处理设施的运行管理：

a）设有化验室的企业，每日定期检测废水水质并将检测结果记入运行台账。没有化验室的企业，根据在线监控数据，或通过简易快速检测设备、试剂等，每日对废水进行测试，掌握废水排放情况。出现故障或超标问题时，及时向生态环境主管部门报告并查明原因，实施修复。配备取水量表、井盖钩、强力电筒等工具。

b）每班如实填写运行台账，台账中水质检测结果、用药量、排水量、污泥产生量及处理量等重要内容必须如实填写。

c）废水处理设施重要部件（电控仪表、水泵、探头、斜板沉淀池、流量计等）必须经常检查，如有损坏必须及时修复或更换。

d）定期巡查，重点检查车间收集管网是否损坏，是否存在混流、生产废水泄漏混入雨水管道或生活污水管道，是否存在高浓度的废酸、废碱进入收集系统等问题。

h. 处理设施的安全管理：

a）废水处理药品酸与碱、氧化剂与还原剂分开存放。

b）高浓度的废酸、废碱、脱镀液、蚀刻液以及电镀洗缸水不得排入污水治理设施，必须按有关要求设置危险废物贮存场所进行分类收集，并交由有资质的危险废物经营单位处理。

c）废水处理设施的护栏、楼梯、栏板、支架必须定期维护和检查，属有限空间的，必须按照相关要求设置标识并配备完善安全预防设施，如有损坏必须及时修复或更换。

d）废水处理车间应安装符合安全、环保要求的良好的照明和通风设备。企业安保视频监控系统应对废水处理区域进行全覆盖并确保其正常运行，记录保存期限不少于 3 个月。

e）全部用电设备的电源线必须套管，电源线连接必须符合电气安全规范。

f）操作工人必须持证上岗，穿着劳动保护服，穿戴必要的防护装备。

g）废水处理场所必须安装紧急冲洗装置，用于操作工人面部或身体受到有害物质污染时进行紧急救护。

h）污水处理场所禁止住宿，禁止养狗，工作期间禁止关门。

i）备齐应急处置物资，出现污染事故要按照应急预案要求立即处置，并向生态环境部门报告。

i. 企业应建立废水防治管理制度，明确废水防治管理的部门与责任人，明确废水排放指标，建立废水收集、处理设施管理台账，加强废水处理设施的现场管理，除被允许的情况外，应实现生产废水、生活污水、清下水“三水”分开，规范收集、运营和排放废水，定期监测废水排放情况，对照相关排放标准做合规性评价，确保废水稳定达标排放。

②废气污染防治。

a. 保持废气处理场所整洁，废气处理场所内不得从事与废气处理无关的加工作业或将废气处理场所作为仓库，拆除与废气处理无关的管道。

b. 必须设置符合要求的规范化排放口，并安装排放口标志牌。

c. 在废气处理场所应悬挂环保工作人员岗位职责、污染治理设施工艺流程图及环境安全事故应急预案等标牌。

d. 处理设施的设备管理：

a）在废气治理设施的进出口处分别设置采样口，并建设检测平台，方便检测人员采样。

b）在一般情况下，禁止开启旁路。如发生故障或进行检修，必须报经生态环境部门同意后，才能开启旁路。对已明确不得设置旁路的设施，不得设置旁路。

c）必须按照工艺要求定期添加药剂或进行维护，以保证处理设施稳定正常运转。

e. 处理设施的运行管理：

a）对具备自主监测条件的企业，每日应当检测废气排放情况并将检测结果记入运行台账。对不具备自主监测条件的企业，建议购买简易快速检测设备，每日对废气进行检测。自买设备的质控情况应当符合《排污单位自行监测技术指南　总则》（HJ 819—2017）中的要求。还可根据在线监控数据，掌握废气排放情况。出现故障或超标问题时，应及时向生态环境部门报告并查明原因，实施修复。

b）每班如实填写统一印制的运行台账，台账中检测结果、用药量、排气量等重要内容必须如实填写。

c）废气处理设施重要部件（电控仪表、水泵、探头、风机、布袋、电极灯管、吸附材料、加 / 喷药装置等）必须经常检查，如有损坏必须及时修复和更换。

d）定期巡查，重点检查车间收集管道是否存在漏气、堵塞等问题。

f. 处理设施的安全管理：

a）添加的药品酸与碱、氧化剂与还原剂分开存放。

b）废气处理设施的护栏、楼梯、栏板、支架应定期维护和检查，如有损坏必须及时修复或更换。

c）废气处理车间应安装良好的照明和通风设备。

d）全部用电设备的电源线必须套管，电源线连接必须符合电气安全规范。

e）操作工人必须持证上岗，穿着劳动保护服，穿戴必要的防护装备。

f）废气处理场所必须配备紧急救护物资，用于操作工人面部或身体受到有害物质污染时进行紧急救护。

g）废气处理场所禁止住宿，禁止养狗，工作期间禁止关门。

h）备齐应急处置物资，出现污染事故时要按照应急预案要求立即处置，并向生态环境部门报告。

i）涉及粉尘、VOCs 等易燃易爆气体的收集和处理设施的设计与验收问题时，应当有安全生产专家的意见，并向安全生产部门报告。

g. 企业应建立废气防治管理制度，明确废气防治管理的部门与责任人，明确废气排放指标，建立废气收集、输送、处理设施管理台账，对各类废气排放源分别采取措施进行治理。定期监测废气排放情况，对照相关排放标准做合规性评价，确保废气稳定达标排放。

③工业固体废物管理。

企业应按照减量化、资源化、无害化的原则，依法依规对工业固体废物实施管理，优先对其实施综合利用，降低处置压力。

企业应建立工业固体废物管理制度，明确工业固体废物管理的部门与责任人，明确工业固体废物综合利用的目标指标，建立工业固体废物的种类、产生量、流向、贮存、处置等有关资料的档案，按年度向所在镇（街）生态环境分局申报登记。申报登记事项发生重大改变的，应当在发生改变之日起 10 个工作日内向原登记机关申报。涉及跨省转移工业固体废物的，需办理跨省转移工业固体废物手续后方可转移。

④危险废物管理。

a. 企业应建立危险废物管理制度，明确危险废物管理的部门与责任人，明确危险废物处置的目标指标，建立危险废物来源清单、危险废物处置商及处置情况清单。

b. 当法律法规和其他要求、生产工艺、污染治理工艺等发生变化，新建、改建、扩建项目投产，发生危险废物污染事故后，企业应及时重新识别危险废物。对与《国家危险废物名录（2021 版）》对照后仍难以分辨是否属于危险废物的固体废物，可委托有资质的单位根据国家危险废物鉴别标准和鉴别方法进行鉴定。

c. 企业应制定危险废物收集、贮存现场防渗、防泄漏、防雨等措施并规范实施。危险废物贮存场所应符合《危险废物贮存污染控制标准》和《危险废物收集贮存运输技术规范》等有关规定。应选择有资质的单位处置并进行危险废物转移计划备案，备案通过后，如实填写“危险废物转移联单”并存档。

d. 每日定期检查危险废物产生、贮存及转移情况并将检查结果记入危险废物管理台账。如有危险废物流失、盗失等情况，要及时查明原因，采取相应措施，防止造成污染事故，并向生态环境部门报告。

e. 危险废物转移时，应登录所在地固体废物环境监管信息平台，如实填写危险废物电子转移联单。

f. 危险废物的贮存设施的选址、设计、运行与管理等必须遵循《危险废物贮存污染控制标准》的规定。

g. 禁止混合贮存性质不相容且未经安全性处置的危险废物，以免发生事故。

h. 危险废物贮存场所和设施必须定期维护和检查，如有破损、渗漏等情况，应及时进行修复或更换。

i. 危险废物贮存场所应安装良好的照明和通风设备。

j. 全部用电设备的电源线必须套管，电源线连接必须符合电气安全规范。

k. 操作工人必须持证上岗，穿着劳动保护服，穿戴必要的防护装备。

l. 危险废物贮存场所必须配备紧急救护物资，用于操作工人面部或身体受到有害物质污染时进行紧急救护。

m. 备齐应急处置物资，出现污染事故时按照应急预案要求立即处置，并向生态环境部门报告。

⑤在线监测（监控）系统。

a. 安装污染源在线监控设备的企业，应当对相关设备进行有效管理，建立设备基础信息档案，提出对监控设备的运行管理要求、信息传输检查要求等，以保证监控设备稳定运行及监测数据有效传输。具体内容包括规范建设在线监测站房，确保在线监控设备正常运行和维护；建立和完善监控设备操作、使用和维护规章；对符合要求的第三方运营单位的日常运维情况进行监督；提出在线设备出现故障时手工监测数据上报的管理要求；对监控数据传输情况进行跟踪管理，发现异常数据应及时报告，查找原因，并实施整改。

b. 必须安排经过专业培训并持有上岗证的操作人员，专人专职负责在线监测（监控）系统管理。

c. 根据国家及地方在线监测（监控）系统相关制度规范，制定监测（监控）系统管理制度。

d. 严禁弄虚作假，不得擅自修改设备参数和数据。

e. 严禁擅自闲置或停运在线监测（监控）系统，必须将在线监测（监控）系统作为污染治理设施的一部分进行管理。

f. 做好日常运行维护环境台账记录，包括日常数据台账记录、日常维护台账记录和设备故障台账记录。如发现数据异常或设施故障，要及时向生态环境部门报告并尽快查明原因，实施修复。

g. 在线监测（监控）场所应悬挂环保工作人员岗位职责及在线监测（监控）系统管理制度等标牌。

3.4.3.2　定制模块

定制服务模块主要是满足企业环境管理的个性化需求，开展环保培训、环境监测数据解读、环境影响后评价、固体废物处置合理性论证、自愿清洁生产审核等服务，旨在提升企业环境管理水平，初步打造低碳绿色发展的企业形象。

（1）环保培训

开展环保法规政策与标准培训，提升企业环保工作人员的专业能力。主要涉及现行法律法规，相关行业环境污染事件和处罚，废气、废水可行性治理方案等内容。

（2）环境监测数据解读

可协助企业开展例行环境监测，包括监测方案拟定、监测数据有效性和达标性核实，规范企业例行环境监测的制度，能够及时排查排污超标情况。

（3）环境影响后评价

环境影响后评价是指编制环境影响报告书的建设项目在通过环境保护设施竣工验收且稳定运行一定时期后，对其实际产生的环境影响，以及污染防治、生态保护和风险防范措施的有效性进行跟踪监测和验证评价，并根据结果提出补救方案或者改进措施，以提高环境影响评价有效性的方法与制度（具体内容见附录 6）。

开展环境影响后评价的项目有：

①水利、水电、采掘、港口、铁路行业中实际环境影响程度和范围较大，且主要环境影响在项目建成运行一定时期后逐步显现的建设项目，以及其他行业中穿越重要生态环境敏感区的建设项目。

②冶金、石化和化工行业中有重大环境风险、建设地点敏感，且持续排放重金属或者持久性有机污染物的建设项目。

③审批环境影响报告书的生态环境主管部门认为，应当开展环境影响后评价的其他建设项目。

（4）固体废物处置合理性论证

固体废物可分为工业固体废物、生活垃圾和危险废物。固体废物处置的原则有三项：

①“三化”原则。即无害化、减量化、资源化的原则。其中无害化是指对于那些不能被再利用或依靠当前的技术水平无法对其再利用的固体废物进行一定的

处理和处置，使其不能对环境、人体和社会发展构成任何危害；减量化是指在生产生活过程中最大限度地利用资源和能源，以减少固体废物的产生量，对产生的固体废物进行处理、处置，压缩其体积和质量，尽量减少固体废物的排放量；资源化是指对已产生的固体废物进行回收，并辅以相应的技术进行处理、处置，将其生产成二次原料或能源再利用。

②全过程管理原则。即对固体废物从产生、收集、贮存、运输、利用到最终处置的全过程实行一体化的管理。《固体废物污染环境防治法》中规定，产生固体废物的单位和个人，应当采取措施，防止或者减少固体废物对环境造成的污染。收集、贮存、运输、利用、处置固体废物的单位和个人，必须采取防扬散、防流失、防渗漏或者其他防止污染环境的措施；不得擅自倾倒、堆放、丢弃、遗撒固体废物。产品和包装物的设计、制造，应当遵守国家有关清洁生产的规定。生产、销售、进口依法被列入强制回收目录的产品和包装物的企业，必须按照国家有关规定对该产品和包装物进行回收。以上规定正体现了全过程管理这一原则。

③分类管理原则。即根据固体废物的不同来源和性质对其进行分类管理的原则。如国家对工业固体废物、生活垃圾、危险废物、医疗废物的管理都分别做了规定。

检查企业固体废物的处置方式、处置效果等是否符合国家、地方及行业的环保要求，要一一对标落实，不符合的要及时列出问题清单，协助企业进行整改。

（5）环境风险排查与责任梳理

根据国家和地方的环保要求，结合中央环保督察的要求，对企业环境管理体系建设情况、环境管理职责落实情况、环境风险点排查等方面进行梳理，列出环境风险问题清单，提出整改措施建议，优化完善企业内部环境管理体系及环境管理责任划分，形成企业生态环境管理体系手册，量身指导企业建设符合国家生态环保要求和符合未来低碳环保领跑标杆企业要求的环境管理机构，协助企业培养一批具有应对环保督察检查能力和素养的环保人才队伍，为打造企业现代化环境管理体系新模式奠定基础。

（6）危险废物无害化

《国家危险废物名录（2021年版）》中指出，“在环境风险可控的前提下，根据省级生态环境部门确定的方案，实行危险废物‘点对点’定向利用，即一家单位产生的一种危险废物，可作为另外一家单位环境治理或工业原料生产的替代原料进行使用”。

根据危险废物的处置要求，可协助企业遴选处理量较大、处置成本较高的危险废物，可通过“点对点”实验研究，提出合理地利用处置“豁免”方案，解决该种危险废物利用处置的出路问题，在减少企业危险废物处置费用的同时，从源头降低企业在危险废物贮存、处置过程中的环境风险，实现企业经济效益和环境效益双赢。

3.4.3.3 延伸模块

延伸服务模块主要是为了提升企业的绿色环保形象，协助企业开展绿色工厂申报、绿色矿山申报、能源审计、环境信用评价、ISO 环境管理体系认证、智慧环境管理平台建设、碳达峰碳中和实施方案编制等工作，创建绿色低碳的企业发展模式。

（1）绿色工厂

绿色工厂是指实现了用地集约化、原料无害化、生产洁净化、废物资源化、能源低碳化的工厂。绿色工厂是制造业的生产单元，是绿色制造的实施主体，属于绿色制造体系的核心支撑单元，侧重于生产过程的绿色化。环保管家团队可协助企业开展绿色工厂的申报工作（具体内容见附录 7）。

①绿色工厂的申请流程如下：

第一步：满足申请条件的企业对照相关标准或要求进行自评。

第二步：委托符合条件的第三方评价机构开展现场评价。

第三步：评价合格的企业，可按所在地区绿色制造体系实施方案的要求和程序，向省级工业和信息化主管部门提交相关的申请材料。

第四步：各省级工业和信息化主管部门结合本地区绿色制造体系建设实施方案，对申请材料进行评估确认后，向工业和信息化部推荐评估合格、在本地区成绩突出且具有代表性的绿色工厂企业名单，并附相关材料。

第五步：工业和信息化部在地方主管部门推荐意见的基础上，依据相关评价标准组织专家进行论证，必要时采用现场抽查等方式，确定国家级绿色工厂企业示范名单，公示后向社会发布。

②绿色工厂的优惠政策。

工业和信息化部办公厅于 2016 年发布的《关于开展绿色制造体系建设的通知》中提到，工业和信息化部将利用工业转型升级资金、专项建设基金、绿色信贷等相关政策扶持绿色制造体系建设工作。各地要积极争取协调地方配套资金，将绿色制造体系建设项目列入现有财政资金支持重点。鼓励金融机构为绿色制造示范企业、园区提供便捷、优惠的担保服务和信贷支持。

同年，工业和信息化部与国家开发银行签订了《共同推进实施“中国制造2025”战略合作协议》（以下简称《中国制造2025》）。《中国制造2025》提出，“十三五”期间，国家开发银行将为该协议的实施提供不低于3 000亿元的融资，并提供贷款、投资、债券、租赁、证券等综合金融服务。其中就包含了对获得“绿色工厂”称号企业的支持资金。

（2）绿色矿山

绿色矿山是指在矿产资源开发全过程中，既要严格实施科学有序的开采，又要将矿区及周边环境的扰动控制在一定的范围内。环保管家团队可协助企业开展绿色矿山的报告编制、报告申报等工作，实现矿山开采企业的绿色可持续发展（具体内容见附录8）。

①申报流程。

企业完成建设任务，认为达到标准要求后进行自评—政府购买服务并委托第三方开展现场核查—符合要求的会逐级上报省级主管部门并纳入名录—通过绿色矿业发展服务平台向社会公开并接受监督—纳入名录的企业自动享受相关优惠政策。

②优惠政策。

根据现有政策，矿山企业进入全国绿色矿山名录后，可享受土地划拨、银行贷款和金融政策的优惠。尤其在用地方面，各地方都给予企业很多利好政策。

（3）能源审计

企业能源审计是审计单位依据国家有关的节能法规和标准，对企业和其他用能单位能源利用的物理过程和财务过程进行的检验、核查和分析评价。它是一种加强企业能源科学管理和节约能源的有效手段和方法，具有很强的监督与管理作用。环保管家团队可协助企业开展能源审计工作，自查企业节能减排的潜力。

能源审计的主要内容包括企业基本情况、企业能源管理系统、企业能源统计数据审核、企业能源利用状况分析、企业节能潜力分析、存在的问题与建议、审计结论、附件（具体内容见附录9）。

（4）环境信用评价

企业环境信用评价是指生态环境部门根据企业环境行为信息，按照规定的指标、方法和程序，对企业遵守环保法律法规、履行环保社会责任等方面的实际表现，进行环境信用评价，确定其信用等级，并向社会公开，供公众监督和供有关部门、金融等机构应用的环境管理手段（具体内容见附录 10）。

①纳入评价范围的企业如下：

a. 生态环境部公布的国家重点监控企业；

b. 设区的市级以上地方人民政府生态环境部门公布的重点监控企业；

c. 重污染行业内的企业，包括火电、钢铁、水泥、电解铝、煤炭、冶金、化工、石化、建材、造纸、酿造、制药、发酵、纺织、制革和采矿业 16 类行业，以及国家确定的其他污染严重的行业；

d. 产能严重过剩行业内的企业；

e. 从事能源、自然资源开发，交通基础设施建设，以及其他开发建设活动，可能对生态环境造成重大影响的企业；

f. 污染物排放超过国家和地方规定的排放标准的企业，或者超过经有关地方人民政府核定的污染物排放总量控制指标的企业；

g. 使用有毒有害原料进行生产的企业，或者在生产中排放有毒有害物质的企业；

h. 上一年度发生较大及以上突发环境事件的企业；

i. 上一年度被处以 5 万元以上罚款、暂扣或者吊销许可证、责令停产整顿、挂牌督办的企业；

j. 省级以上生态环境部门确定的应当纳入环境信用评价范围的其他企业。

鼓励未纳入相关规定范围内的企业，自愿申请参加环境信用评价。

②申报流程如下：

省级生态环境部门负责组织实施本行政区域内国家重点监控企业的环境信用评价工作。其他参评企业环境信用评价的管理职责，由省、自治区、直辖市生态环境部门规定。

（5）ISO 环境管理体系认证

环境管理体系是一个组织内全面管理体系的组成部分，包括为制定、实施、实现、评审和保持环境方针所需的组织机构、规划活动、机构职责、惯例程序、过程和资源，还包括组织的环境方针、目标和指标等管理方面的内容（具体内容见附录 11）。

环境管理体系认证是指由第三方公证机构依据公开发布的环境管理体系标准（ISO 14000 环境管理体系标准），对供方（生产方）的环境管理体系实施评定，评定合格的由第三方机构颁发环境管理体系认证证书，并给予注册公布，证明供方具有按既定环境保护标准和法规要求提供产品或服务的环境保证能力。通过环境管理体系认证，可以证实生产厂使用的原材料、生产工艺、加工以及产品的使用和用后处置是否符合环境保护标准和法规的要求。

（6）智慧环境管理平台

企业智慧环境管理平台是以微型多参数监测终端为基础，结合配套智能采集系统、配套智能质控系统、配套智能运维系统，实现高时空分辨率的大气、水等污染物监控，覆盖企业各个运行环节和重点排污节点，同时利用多源大数据分析技术，建立"天—空—地"协同的高密度环境监测体系，动态掌握整体环境质量情况。在此基础上，以符合环境管理部门要求的便携移动式监测设备为支撑，全面构建集团—下属企业联动的智慧环境监管模式，实现污染及时溯源和精细化管理。平台可实现集团—下属企业所有污染点位的在线统一监管与手机 App 实时响应（图 3-3）。

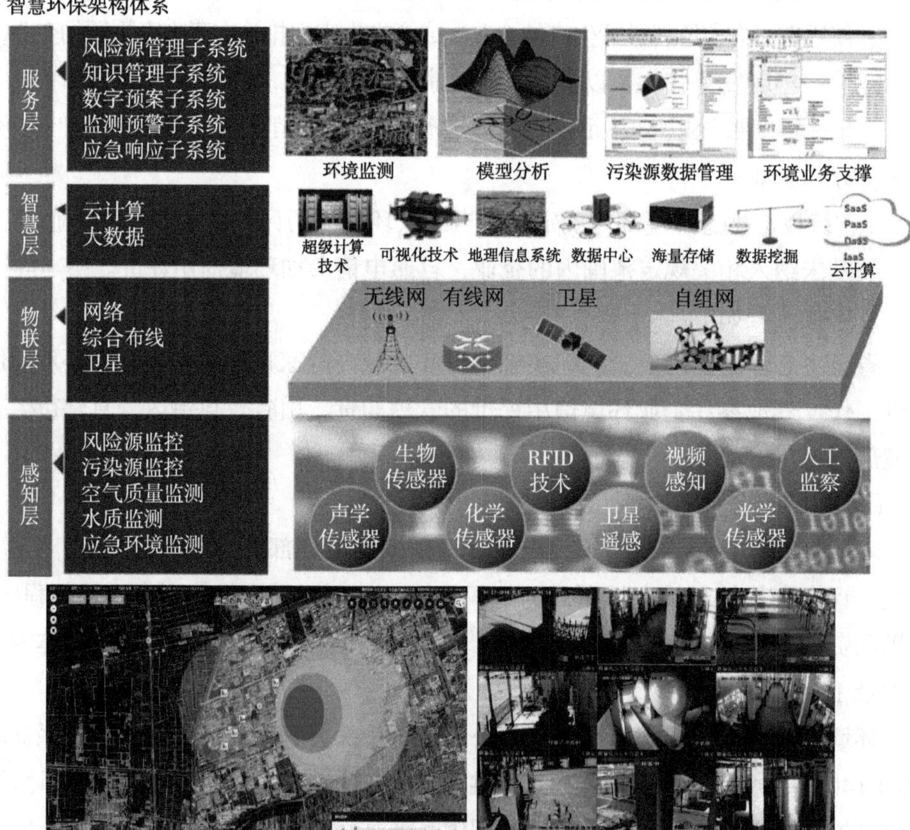

图 3-3 企业智慧环境管理平台

通过信息化手段，平台可对企业的环境档案、环境隐患排查治理、重大环境危险源的监控和风险预警、清洁生产审核、污染源管理等进行全面有效的管理。

3.4.4　整改方案

根据企业需求选择环保管家服务项目，可以分别选择基础模块、定制模块和延伸模块中的一项或者几项进行组合，确定好服务项目后，即可开展环保管家的服务工作，包括资料收集、现场调研工作，必要时可开展环境监测、卫星图解译等工作。

为更好地开展环保管家服务，应针对现存的环境问题制定环保整改方案。方案包括确定整改范围、污染治理措施整改、污染治理设备提标改造、环境管理制度完善、环境管理责任划分等相关内容。

3.5　方案实施

环保管家团队积极参与企业环境管理，配合涉及环保督察、专项督查、生态环境执法检查，参与企业环境隐患排查。针对方案中梳理出的环保问题，先开展环保整改工作；经过整改，企业的各项环保工作均符合国家、地方及行业等要求后，再按照环保管家服务方案开展相关工作，以碳达峰与碳中和为最终目标，促进企业绿色低碳发展。

3.6　实施效果分析

环保管家的服务方案实施后，应及时开展实地调查，核实相关环境问题和企业环境状况，结合企业环境质量监测数据变化情况，开展环境问题原因排查，并追踪分析实施效果。对于不符合国家、地方及行业环保要求，且企业有进一步环保需求的项目，可进行完善。

第 4 章　园区模块的服务方案

4.1　对接需求

环保管家团队可与有意向的园区进行沟通，了解园区的基本情况及其对于环保方面的需求，重点了解园区对环保技术和环境管理的需求，及时制定服务方案。

4.2　资料收集

（1）新建园区

对于新建园区，主要收集以下资料：

①规划报告及图纸；

②设计报告及图纸；

③园区污染物排放及污染治理设施的定位需求；

④产业布局及环保准入条件。

（2）已建园区

对于已建园区，主要收集以下资料：

①规划环境影响评价报告及图纸；

②自主验收报告及图纸；

③园区内企业排污许可证；

④园区内企业环境保护税的缴纳情况；

⑤园区内企业清洁生产审核；

⑥环保治理设施运行台账；

⑦环境风险应急预案及演练情况；

⑧危险废物处置台账；

⑨环境管理制度；

⑩水、气、声、土壤等例行监测资料。

4.3　现场调研

资料收集完毕后，初步分析收集到的环保资料，对接园区的环保需求，开展资源利用和生态环境现状调查，明确评价区域资源利用水平、生态功能、环境质量现状及污染物排放状况，分析主要生态环境问题及成因，梳理规划实施的资源、生态、环境制约因素。

（1）现状调查

调查应包括自然地理状况、环境质量现状、生态状况及生态功能、环境敏感区和重点生态功能区、资源利用现状、社会经济概况、环保基础设施建设及运行情况等内容。

（2）园区开发与保护概况调查

调查园区三产结构、工业结构、主要产业产能规模、人口规模、环境监管和监测能力现状；调查园区规划环境影响评价，跟踪评价执行、落实情况，主要污染行业污染防治情况，以及企业环境影响评价、验收、排污许可证管理等工作的开展情况；调查园区已建或依托的区域环境基础设施概况，包括规模、布局、服务范围、处理能力及实际运行效果、处理后达标排放情况等。

（3）资源开发利用现状调查

调查并分析园区及主要产业资源、能源结构、利用效率和综合利用情况；说明相关资源、能源可利用总量或利用上限要求；分析园区资源能源集约、节约利用与同类型园区或相关政策要求的差距，以及进一步提高的潜力。

（4）生态现状调查

调查区域生态保护红线、生态空间及各类环境敏感区的分布、范围及其管控要求，明确与园区的空间位置关系；调查评价区域土地利用的变化、现状，以及产业用地、居住用地、生态用地相互之间的冲突。

（5）环境质量现状调查及回顾性评价

调查园区内主要污染源的类型和分布、污染物的排放特征和水平、排污去向或委托处置等情况，确定主要污染行业、污染源和污染物；调查评价区域水环境（地表水、地下水、近岸海域），土壤环境，大气环境，声环境，底泥（沉积物）环境等的质量状况，调查因子包括常规及特征污染因子，重点关注区域超标污染因子及园区特征污染因子；分析评价范围环境质量变化的时空特征及影响因素，说明环境质量超标或突破环境质量底线的位置、时段、因子及成因。

（6）环境风险现状调查

调查园区涉及的有毒有害物质及危险化学品，确定重点关注的环境风险物质；调查园区重点环境风险源清单、环境风险受体及其分布；调查园区环境风险防控联动状况，分析园区环境风险防控水平与环境安全目标或要求的差距。

（7）现状问题和制约因素分析

分析园区现状问题及成因，明确主要环境问题与上一轮规划布局、产业结构、产业规模及开发方式等的关系，提出园区发展及规划的实施需重点关注的资源、环境、生态等方面的制约因素。

4.4 方案制定

4.4.1 园区环境保护现状

通过资料收集和现场调研，对园区的环境保护现状进行梳理，包括以下几个方面。

①环保手续：开展园区规划环境影响评价和验收等环保手续资料达标摸底评估工作，评估入驻园区项目的政策符合性、产业符合性、环保合规性等，同时分析入驻项目的环境影响评价、环境监理、自主验收等落实情况。

②污染物达标：对入驻企业及园区内例行监测数据进行梳理分析，必要时对企业现状开展补充监测，对照环境影响评价、验收、排污许可证等相关要求，全面分析园区内大气、水、土壤、噪声等污染达标情况。

③污染治理设施：对入驻企业的污染防治设施运行台账进行梳理，并查看设施的运营状况，分析是否按照环境影响评价及验收等“三同时”的要求执行。

④园区公共处理系统：核实园区污水收集与处理、固体废物处置、环境风险防范和事故应急设施等是否与园区规划同时规划、同步建设、同步运行；同时确保规划环境影响评价及批复要求的环保措施严格落实，并提出优化建议。

⑤环境管理体系：核查园区的环境管理体系是否完善，对园区进行全方位的环境风险排查、环境及污染源监测，针对发现的问题提出整改方案并指导其实施。核查环境风险应急预案是否备案并开展演练，环境信息是否按照要求进行公开等。

4.4.2 现有环境问题梳理

通过收集资料、现场调研、走访问询等方式梳理和汇总企业环境保护现状，梳理出企业现存的环境问题，并形成问题清单。按照环境要素进行分类，现有环境问题包括大气类、水类、噪声类、固体废物类、土壤及地下水类、环境风险类、环境管理类等 7 类。通过分类，方便企业对环境问题进行总结，并采取整改措施（图 4-1）。

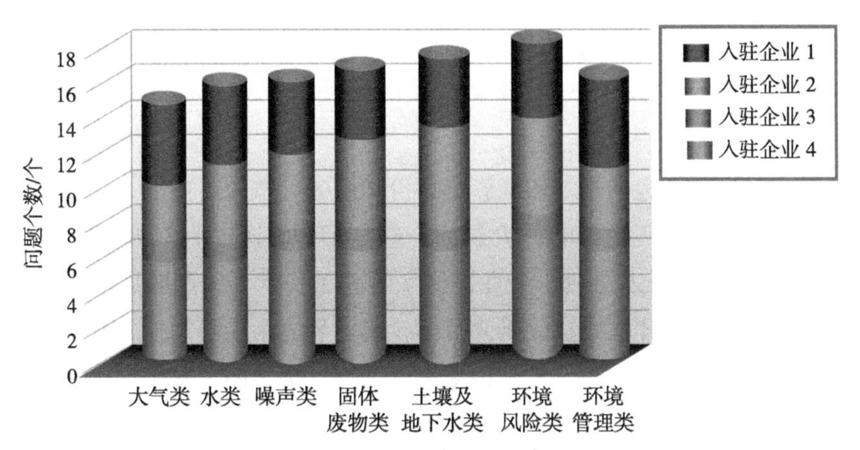

图 4-1 环境问题分类

根据梳理出的环境保护问题清单，对各个环境问题进行风险等级划分（可分为重大环境风险、较大环境风险、一般环境风险 3 类），并针对环保问题开展责任认定工作，这样能够大大方便企业的环境管理及应对工作。

4.4.3 服务项目

环保管家团队根据梳理出的园区环境问题及环境风险等级的认定，结合园区对绿色环境管理的需求程度，在国家和地方环保政策的要求下，为园区提供不同等级、层级的环保管家服务项目。服务项目主要分为基础模块、定制模块和延伸模块。

4.4.3.1 基础模块

（1）入园项目评估

环保管家在掌握工业园区环境状况、产业规模、经济结构的基础上，根据工业园区的功能定位以及新入园区的工业项目潜在的环境问题，协助环境管理、发展改革委等政府部门做好拟入园前项目的评估咨询，提高政府的行政效率，提升重大决策的科学性，减少工业项目对园区环境的影响。

（2）环保体检

环保管家为工业园区内的重点工业企业提供专项“环保体检”服务，如工业企业是否存在超范围经营生产的情况，其经营范围与环保批复的内容是否一致；环保“三同时”制度是否严格贯彻落实，环保验收工作是否落实到位，排污许可证是否依法取得；园区内的工业企业“三废”处理设施是否科学、合理，是否存在“跑冒滴漏”的现象；评估工业企业的环保档案是否齐全等。针对上述情况，环保管家为企业出具专业的“环保体检”报告，为企业做好环境保护工作提供更有针对性的处理方法。

（3）规划环境影响评价

环保管家为园区提供规划环境影响评价的服务，按照《中华人民共和国环境影响评价法》《规划环境影响评价条例》《规划环境影响评价技术导则　总纲》《规划环境影响评价技术导则　产业园区》等相关要求，编制园区的规划环境影响评价报告，以区域环境质量改善为目标，明确环境污染防治技术和污染集中治理要求，深化环境污染防治技术和污染集中治理，细化园区基础设施环境可行性论证和优化调整，同时，聚焦减污降碳协同增效，新增资源节约与碳减排要求，为实现园区绿色高质量发展提供技术支撑（具体内容见附录 12）。

（4）日常环境管理

环保管家服务可在服务周期内，定期为园区内入驻企业提供全方位的环境咨询、环境管理服务，定期组织现场问题诊断并列出整改措施清单；根据园区和企业的需求，及时提供涉及跟踪评价、环保竣工验收、排污许可执行情况检查、环境保护税咨询等环境管理过程中需要解决的环境问题咨询、环境治理方案可行性评估建议、园区内企业 A 级环境绩效分级咨询服务、信息公开、环保台账管理等全方位的服务；为工业园区提供污水集中处理工艺设计咨询、工业“三废”处理工程设计咨询、工业园区公共管廊管沟等基础设施设计、园区所属区域的给水雨水污水收集处理体系设计等专业工程技术服务。

4.4.3.2　定制模块

（1）环保培训

环保培训是环保管家为园区开展的清洁生产及污染治理方面技术和政策文件、环境管理相关政策和制度、场地环境管理政策和相关土地修复技术、固体废物管理政策和综合利用技术、最新环保政策文件及技术规范等方面的培训。

相关的环境管理制度一经出台或修订，环保管家团队就会在第一时间组织专家对涉及园区的法律法规、排放标准、案例等进行详细解读，通过培训提高园区的环境安全风险防范意识，提高环保应急预案管理，增强园区环境保护的主体意识和管理水平，使园区的环保行为能够始终在法律法规运行的范围内进行，保障园区在创造经济价值的同时也能取得环保效益。

（2）重大环境风险排查

环保管家团队将为园区梳理重大环境风险点，并将环境风险进行权责划分，将环境风险点细化到责任部门及责任人，厘清园区内部的环境风险监督管理边界，为园区量身打造一套环境风险管理职责体系，实现园区环境风险的精准管理，更好地预防、处置环境风险事件。

（3）规划环境影响跟踪评价

跟踪评价是指工业园区的规划实施后，通过调查规划实施情况、受影响区域的生态环境演变趋势，分析规划实施产生的实际生态环境影响，并与环境影响评价文件预测的影响状况进行比较和评估。

环保管家可协助园区开展规划环境影响跟踪评价工作，分析规划实施的实际环境影响，评估规划采取的预防或者减轻不良生态环境影响的对策和措施的有效性，研判规划实施是否对生态环境产生了重大影响，对规划已实施部分造成的生态环境问题提出解决方案，对规划后续实施内容提出优化调整建议或减轻不良生态环境影响的对策和措施。

（4）大宗固体废物处置基地申请

若园区内产生大宗固体废物（尾矿、煤矸石、粉煤灰、冶金渣、化工渣、工业废弃料、农林废弃物及其他类大宗固体废物），环保管家团队可协助园区开发和推广一批大宗固体废物综合利用先进技术、装备及高附加值产品等，编制大宗固体废物综合处置基地可行性规划，申请建设大宗固体废物处置基地。

4.4.3.3　延伸模块

（1）绿色工业园区

绿色工业园区，是指企业绿色制造、园区智慧管理、环境宜业宜居的产业集聚区，能够综合反映能效提升、污染减排、循环利用等绿色管理要求，是绿色发展理念在产业领域的直接体现。符合绿色发展要求的园区可申请工业和信息化部授予的“绿色工业园区”称号（具体内容见附录 13）。

环保管家团队可协助园区编制完成《绿色园区自评价报告》，并对有提升空间的指标进行改进升级。协助园区开展绿色园区的申报工作，包括第三方评价机构的筛查、编制报告质量的审核、申报流程的解读等。

（2）生态工业示范园区

生态工业示范园区，是指依据循环经济理念、工业生态学原理和清洁生产要求，符合《国家生态工业示范园区标准》（HJ 274—2015）和其他相关要求，并按规定程序通过审查，被授予相应称号的新型工业园区。

环保管家团队可协助园区按照《生态工业园区建设规划编制指南》，明确园区验收考核指标及重点支撑项目，编制《国家生态工业示范园区建设规划和技术报告》，完成生态工业示范园区的申报工作。

（3）生态工业示范园区碳达峰、碳中和实施方案

生态环境部于 2021 年发布《关于推进国家生态工业示范园碳达峰碳中和相关工作的通知》，将碳达峰、碳中和作为国家生态工业示范园区建设的重要内容，通过践行绿色低碳理念、强化减污降碳协同增效、培育低碳新业态、提升绿色影响力等措施，在“一园一特色，一园一主题”的基础上，分阶段、有步骤地推动示范园区先于全社会在 2030 年前实现碳达峰，在 2060 年前实现碳中和。

充分利用示范园区中高新技术企业和环保管家团队的研发能力，环保管家可在园区规划、建设、验收、复查、年度报告等环节中，提供实现碳达峰、碳中和目标的途径，并协助园区摸清区域内的年度碳排放基础数据，编制《园区碳达峰碳中和实施路径专项报告》。

（4）能源审计

协助园区开展园区内企业能源审计，全面掌握企业的能源管理水平及用能状况，排查在能源利用方面存在的问题和薄弱环节，挖掘节能潜力，降低能源消耗和生产成本，为园区“双碳”目标下的环境管理提供依据。

（5）智慧园区

依托环保管家团队的科研、人才优势，建设智慧园区，以“安全发展、绿色发展、低碳发展”为建设准绳，利用云计算、物联网、大数据等信息化技术，搭建智慧园区大数据中心，为园区提供多种类型的决策依据，建立一套集园区安全、环保、能源、应急、物流、消防、办公、服务及应用支撑于一体的智慧管理和决策支撑平台（图 4-2）。

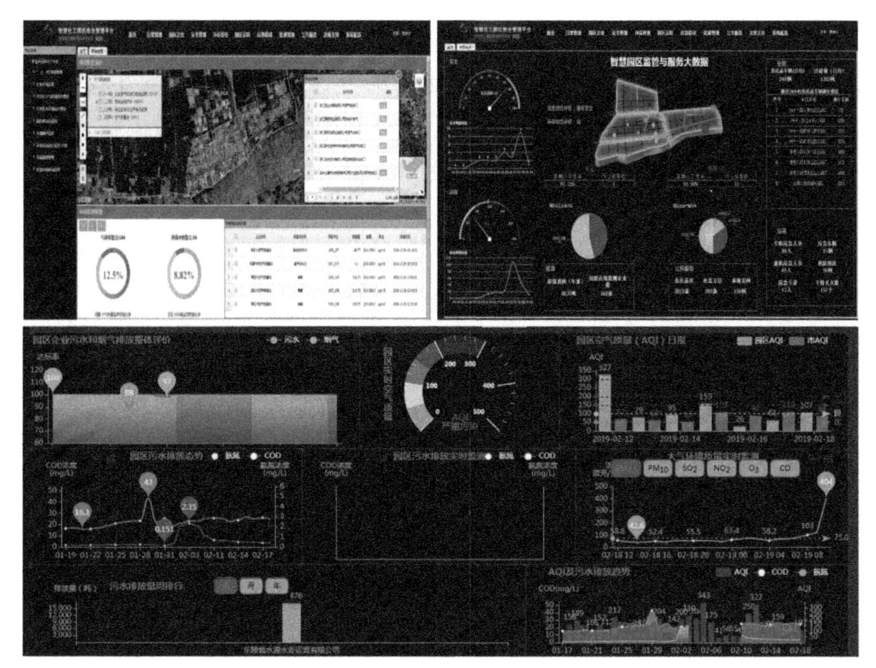

图 4-2　智慧园区管理平台

4.4.4　整改方案

根据园区的类型及需求选择环保管家服务项目，可以分别选择基础模块、定制模块和延伸模块中的一项或几项服务项目进行组合，确定好服务项目后，再开展环保管家的服务工作，包括资料收集、现场调研工作。必要时应开展环境监测、卫星图解译等工作。

围绕园区内大气环境、水环境、固体废物管理，尤其是危险废物管理方面的突出问题进行全面、彻底、细致的排查，对排查过程中出现的问题进行具体分析，并根据各领域所排查出的环境问题列出问题清单，建立台账，制定整改方案。

4.5　方案实施

针对方案中梳理出的园区存在的环境问题，先协助园区开展环保整改工作，突出服务重点，积极发挥环保管家服务模式对园区环境问题排查梳理、研究解决和系统规范的支持作用。整改落实后，园区及企业的各项环保问题均能符合国家、地方及行业等要求后，再按照园区选择的环保管家服务方案开展相关工作，进一步提升园区的环境治理水平和能力，充分利用智慧化和大数据技术，以高标准、严要求实现园区绿色低碳发展，寻求园区碳达峰与碳中和的发展路径。

4.6 实施效果分析

环保管家的服务方案实施后，要定期向服务对象报告环保管家实施进展和实施成效。及时开展园区环境问题实地调研，并结合园区内监测数据分析，开展环境整改成效分析，追踪分析实施效果。对于不符合国家、地方及行业环保要求的项目，开展溯源分析，并结合园区的专项需求对分析结果进行完善。

第 5 章　政府模块的服务方案

5.1　对接需求

与有意向的环境管理部门进行沟通，了解辖区内的基本环境情况及其对环保方面的需求，重点了解环境管理部门对环保技术和环境管理的需求，及时制定服务方案。

5.2　资料收集

收集辖区内的环境保护相关资料，包括但不限于以下资料：

（1）规划类

①“十四五”发展规划；

②产业发展规划；

③循环经济发展规划；

④固体废物处置规划；

⑤环境保护规划；

⑥节能减排规划；

⑦土地利用规划；

⑧工业发展规划；

⑨环境功能分区（水、大气、噪声）；

⑩“三线一单”。

（2）数据类

①近三年地方《统计年鉴》，包括能源、资源和环境、工业等相关数据；

②水资源情况，包括水资源利用总量、单位 GDP 用水量、万元工业增加值用水量、农田灌溉水有效利用系数等资料；

③能源利用情况，包括能源消费总量、能源消费结构、单位 GDP 能源消费

量、单位工业增加值能源消费量等资料；

④土地利用情况，包括建设用地面积、单位地区生产总值建设用地使用面积、工业园区亩均产出等资料；

⑤环境状况，包括水环境、大气环境、土壤环境质量、环境保护基础设施建设及运行情况等；

⑥固体废物综合利用情况，包括农作物秸秆、畜禽粪便、煤矸石、粉煤灰、脱硫石膏、生活垃圾、建筑垃圾等固体废物的产生、综合处置及利用情况；

⑦辖区内企业环境统计数据表，重点排放企业生产和污染治理情况介绍，园区"二污普"数据；

⑧国控/省控环境监测数据；

⑨辖区内企业环境自动监测数据/例行监测数据；

⑩辖区内重点企业"三同时"履行资料；

⑪辖区内重点企业清洁生产审核资料；

⑫辖区内大宗固体废物处置情况。

5.3 现场调研

结合环境管理部门制定的碳达峰碳中和目标，分析收集到的相关资料，调查环境质量现状、环保基础设施建设及运行情况以及重点行业环境污染治理现状等内容。

（1）生态环境质量现状调查

①地表水环境。

调查水功能区划、海洋功能区划、近岸海域环境功能区划及各功能区水质达标情况；调查主要水污染因子和特征污染因子、水环境控制单元主要污染物排放现状、环境质量改善目标要求；调查地表水控制断面位置及达标情况、主要水污染源分布和污染贡献率（包括工业、农业、生活污染源和移动源）、单位国内生产总值废水及主要水污染物排放量；调查饮用水水源地保护情况。

②地下水环境。

调查环境水文地质条件，包括含（隔）水层结构及分布特征，以及地下水补、径、排条件，地下水流场等；调查地下水利用现状地下水水质达标情况，调查主要污染因子和特征污染因子。

③大气环境。

调查大气环境功能区环境空气质量达标情况；调查主要大气污染因子和特征污染因子、大气环境控制单元主要污染物排放现状、环境质量改善目标要求；调查主要大气污染源分布和污染贡献率（包括工业、农业和生活污染源）、单位国内生产总值主要大气污染物排放量。

④声环境。

调查声环境功能区划、保护目标及各功能区声环境质量达标情况。

⑤土壤环境。

调查土壤主要理化特征、主要土壤污染因子和特征污染因子、土壤中污染物含量、土壤污染风险防控区及防控目标；调查海洋沉积物质量达标情况。

⑥生态环境。

调查制约区域内可持续发展的主要生态问题，如水土流失、沙漠化等，指出生态问题的类型、成因、空间分布、发生特点等。

（2）环境保护制度执行情况

调查环境保护部门发布的关于环境准入（尤其是“两高”项目）、环保政策的落实和执行情况（包括国家层面、地方层面和行业要求）、环境保护制度（环境影响评价、“三同时”、排污许可等）的执行情况，调查是否存在对相关环保政策解读和执行的理解偏差问题。

（3）环保基础设施建设及运行情况

调查辖区内的污水处理设施（含管网）规模、分布、处理能力和处理工艺、服务范围；调查集中供热、供气情况；调查大气、水、土壤污染综合治理情况；调查区域噪声污染控制情况；调查一般工业固体废物与危险废物利用处置方式和利用处置设施情况（包括规模、分布、处理能力、处理工艺、服务范围和服务年限等）；调查现有生态保护工程及实施效果；调查环保投诉情况等。

（4）重点行业污染治理现状

调查辖区内重点行业污染治理情况，包括环保合规性、工艺流程、污染防治设施运行情况、“三废”产生与处置情况（尤其是综合利用情况）、污染治理技术、环境风险排查等重点环境内容。

（5）固体废物处置及综合利用现状。

调查区域内固体废物的处置情况，包括对危险废物的贮存、处置，以及大宗固体废物的处置方案，重点结合区域产生固体废物的特点，调研大宗固体废物的综合利用途径。

（6）“双碳”目标下的总量控制、减排目标执行情况

调查生态环境部门制定总量控制、减排目标的方案制定、落实情况；按照“双碳”的目标，调查生态环境主管部门对重点企业下达减碳降碳任务的落实情况。

5.4 方案制定

5.4.1 辖区环境保护现状

通过分析收集到的环保资料，结合现场调研的情况，梳理辖区环境保护现状。

①生态环境质量情况：评估辖区工业污染、大气污染、噪声污染、固体废物污染、水污染、生态环境、土壤污染等现状保护水平，定量阐述生态环境的质量状况和存在的问题。

②环境保护制度执行情况：调查评估生态环境主管部门执行环境影响评价、“三同时”、排污许可等环保制度的执行情况，以及环保政策的落实情况等。

③饮用水水源地保护情况：开展饮用水水源地保护调查，根据掌握的辖区内集中式饮用水水源地的基本情况和现状，评估生态环境主管部门对饮用水水源地的划分、保护措施、饮用水水源地应急预案等执行情况。

④固体废物处置情况：根据辖区内固体废物调研情况，评估危险废物贮存、处置的合理性；评估大宗固体废物处置规划和综合利用途径的合理性。

⑤重点行业污染防治情况：评估区域内生态环境主管部门对重点行业的环境管理现状，包括对国家政策、产能要求、污染防治、协同降碳等方面的落实情况。

⑥总量控制、减排目标完成情况：开展辖区内总量控制和减排任务完成情况的评估，同时评估生态环境主管部门对降碳减碳的落实情况。

⑦环保督察的整改落实情况：依据环保督察对生态环境主管部门反馈的相关问题，调查其整改落实情况。

5.4.2 现有环境问题梳理

根据收集资料、现场调研情况、走访问询等方式梳理、汇总生态环境主管部

门环境保护现状和现存的环境问题，并形成问题清单。按照环境进行分类，包括环保政策准入、环境管理、生态环境质量、重点行业污染防治措施、环保督察落实、减排任务 6 类环保问题。通过分类，方便生态环境主管部门对环境问题进行总结，并采取整改措施（图 5-1）。

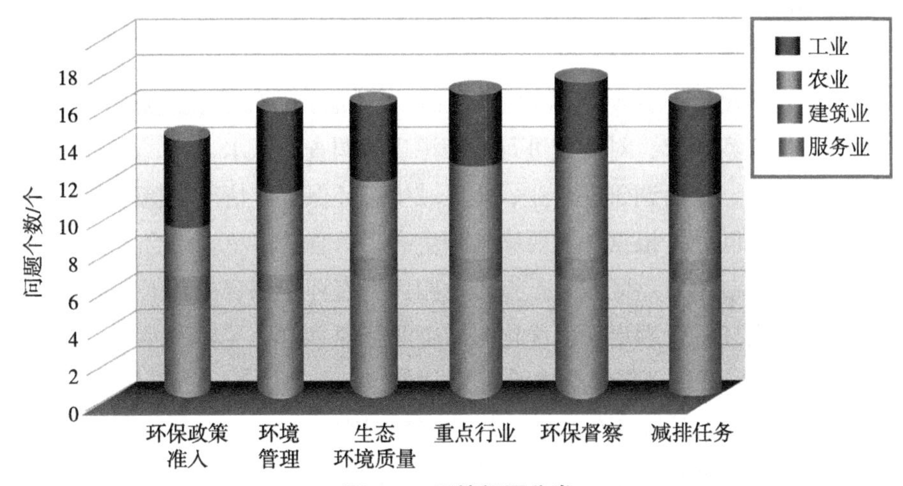

图 5-1 环境问题分类

根据梳理出的环境保护问题清单，对各个环境问题进行风险等级划分，可分为重大环境风险、较大环境风险、一般环境风险 3 类，并针对环保问题开展责任认定工作，方便环境管理部门的环境管理及应对工作。

5.4.3 服务项目

根据梳理出的区域内环境问题及对环境风险等级的认证，结合环保部门在“双碳”目标下对环境管理的需求程度，在国家和地方环保政策的要求下，为环境管理部门提供不同需求层级的环保管家服务项目，服务项目主要分为基础模块、定制模块和延伸模块。

5.4.3.1 基础模块

基础服务模块主要为政府环境管理部门提供区域生态环境质量摸底、生态环境保护详查、“一县一策”环保综合整治提升方案、环保政策解读、环保培训、重大项目环保咨询等服务内容，为地方政府梳理环境问题清单、整改清单和正负面清单，建立辖区内企业动态环保档案，实现区域环境科学治理、精准管控。

（1）区域生态环境质量摸底

结合区域内环境质量特点、行业和工程特征、环保治理现状等，对区域内的大气、水、噪声、固体废物、生态等环境现状进行摸底调查，主要包括污染现状监测、生态环境现状调查、现状评估、总量核算与控制等内容，为生态环境主管部门进行环境治理、制定环境决策等提供技术支撑。

（2）生态环境保护详查

在对生态环境现状摸底的基础上，根据辖区地势、气象、重点行业等特点，结合生态环保督察要求，对区域进行污染源现状调查，从水、气、固体废物、土壤、生态等方面，全面调研全行业、全区域生态环保工作情况，梳理区域管理中存在的生态环保问题，根据环境要素梳理生态环保管控清单。结合区域生态环保现状详查结果，制定重点区域、重点工业园区生态环保综合提升工作方案，指导区域、园区落实环境管理责任，优化入园企业管理。

（3）"一县一策"环保综合整治提升方案

结合中央生态环保督察要求，从水、气、固体废物、土壤、生态等方面入手，全面梳理各工业行业生态环保工作现状，研究并制定"一县一策"生态环保综合整治提升行动方案，包括重点区域、重点工业园区生态环保综合提升方案，指导区域、园区落实环境管理责任，优化入园企业管理；制定重点行业生态环保守法指南和综合对标整改方案，指导其他行业企业对标排查，落实整改责任，指导新建企业通过高标准建设实现源头管控。

（4）环保政策解读

重点围绕国家生态文明建设要求、最新环境标准、"双碳"目标要求，为地方政府梳理与环境相关的政策、解读政策最终贯彻实施，指导生态环境主管部门及时推进并部署生态环境工作，指导地方建立健全碳达峰实施路线图等相关政策和制度。

（5）环保培训

根据地方生态环境需求，提供生态环保政策以及专业环境管理知识的培训，根据地方特色协助其制定地方环境标准、资源综合利用政策等，以提高地方政府专业环保管理水平。

（6）地方重大项目环保咨询

为地方重大项目规划、工业园区建设、入园企业环境管理，提供生态环保方面的技术咨询和意见，指导地方了解项目环境风险，以便政府把控重点项目环境准入。

5.4.3.2　定制模块

定制服务模块主要开展重大风险源清单、新型绩效考核办法、生态环保教育基地、大宗固体废物综合利用示范基地创建等服务，协助地方政府加快推进生态文明治理体系和治理能力现代化，促进生态环境质量不断改善。

（1）重大风险源清单

指导地方生态环境主管部门建立中央生态环保督察重大风险源清单，明确企业及相关方的主体责任，协助建立环保责任追究制度，督导追踪整改进度，落实政府对于生态环境保护督察的监管责任。

（2）生态资产核算

针对辖区内的生态环境现状，摸清森林湿地、草地、农田、水土资源等生态资源存量资产，以及生态服务、生态产品等生态流量资产的状况。协助政府摸清生态家底，拓展生态发展空间，为政府保障生态保护红线、严守环境资源开发利用底线等环保决策提供数据支撑，同时为自然资源资产离任审计奠定基础，完善区域环境发展政策。

（3）新型绩效考核办法

基于生态系统生产总值（GEP）核算结果，建立政府新型绩效考核方法，将生态资源资产价值列入考核指标，为政府完善政绩考核机制和责任追究机制提供技术支撑，协助政府探索自然资源资产审计的方式和自然资源资产责任考核评价体系，为加强干部管理监督提供参考依据。

（4）国家生态环境科普基地

结合生态环境部对国家生态环境科普基地的要求和政策，环保管家团队可提供生态环境科普基地创建方案编制工作。协助生态环境主管部门提升全民生态环境意识和科学素质，积极传播生态文明思想和生态环境科学知识。

（5）大宗固体废物综合利用示范基地创建

调研区域内煤矸石、粉煤灰、尾矿（共伴生矿）、工业副产石膏、农作物秸秆等大宗固体废物产生、利用、处置现状，在诊断综合利用中存在的问题以及综合利用路径机制研究的基础上，设计综合利用任务与项目，按照国家发展改革委办公厅关于开展大宗固体废物综合利用示范的要求，协助申报国家或省级大宗固体废物综合利用示范基地。

5.4.3.3 延伸服务

延伸服务模块主要协助政府以推动实现“双碳”为目标，开展生态文明建设示范区、“绿水青山就是金山银山”实践创新基地、智慧环境管理平台等服务内容，打造以绿色发展为核心的竞争力。

（1）生态文明示范区建设

根据《国家生态文明建设试点示范区指标（试行）》的要求，对于创建工作在全国生态文明建设中发挥示范引领作用、达到相应建设标准并通过核查的市县，生态环境部按程序授予相应的国家生态文明建设示范市县称号。环保管家团队可协助生态环境主管部门完成生态文明示范区创建方案的编制、申报工作，积极响应国家生态文明建设的决策部署，发挥生态文明建设示范区的典型引领作用（具体创建要求见附录 14）。

（2）“绿水青山就是金山银山”实践创新基地建设

环保管家团队协助地方环保部门开展“绿水青山就是金山银山”实践创新基地建设的工作，通过试点示范，地方努力探索以生态优先、绿色发展为导向的高质量发展新路子，实现绿色低碳发展（具体创建要求见附录 15）。

（3）智慧环境管理平台

以科学治污、精准治污为目的，利用“天、空、人、地”等多源大数据融合，实现从城市区域到工业园区、产业集群，再到工业企业全覆盖，以及大气、水、土壤、固体废物等重点要素全覆盖的“点—线—面—体”的生态环境监测监管，实现精准定位，实现所属区域内生态环境问题的精准溯源和精准识别，全面提高环境执法精度，科学分析污染问题，并提出一体化解决方案。

（4）制定实施地方二氧化碳达峰规划

积极响应和落实国家二氧化碳排放 2030 年前达到峰值的目标，结合地方重点行业企业减污降碳协同控制问题，制定地方二氧化碳达峰规划，开展 2030 年碳排放达峰行动方案制定工作。

（5）优化地方产业布局

落实国土空间环境规划，以“三线一单”为底线，以环境容量为约束条件，协助地方环境管理部门制定产业空间布局优化方案，落实区域、园区规划环境影响评价，严把石化、焦化、建材、有色等高污染高能耗建设项目环境准入。指导环境管理部门制定和实施“散乱污”企业退城搬迁方案。

5.4.4　整改方案

根据地方生态环境主管部门的环保需求选择环保管家服务项目，可以分别选择基础模块、定制模块和延伸模块的一项或几项进行组合，确定好服务项目后，再开展环保管家的服务工作，服务工作包括资料收集、现场调研工作，必要时开展环境监测、卫星图解译等工作。

围绕辖区内水环境、大气环境、土壤环境、生态环境、固体废物管理尤其是危险废物管理情况等生态突出的问题进行全面、系统的调查，对排查过程中出现的环境问题进行有针对性的分析，并根据各领域所排查的重点环境问题列出环境风险清单，建立台账，制定整改方案。

5.5　方案实施

针对方案中梳理出的地方生态环境主管部门存在的环境问题，先协助生态环境主管部门开展环保整改工作，发挥生态环境主管部门自身在环保监管和指导上的作用，以及环境管理责任机制，加强污染治理及环境监督工作。整改落实后的各项环保问题均能符合国家、地方及行业等要求后，按照生态环境主管部门选择的环保管家服务方案开展相关工作内容，聚焦生态环境质量改善“瓶颈”，提升生态环境主管部门的现代化环境治理体系，充分利用智慧化和大数据技术，建立健全生态环境治理领导责任、企业责任体系，加强监管执法制度和能力建设，不断提高生态环境治理能力。

5.6　实施效果分析

环保管家的服务方案实施后，需定期向服务对象报告环保管家实施进展和实施成效，及时开展地方环境问题实地调研，并结合国家实时更新的环保政策，开展环境整改成效分析，追踪分析实施效果。对于不符合国家、地方及行业环保要求的环境准入、产业政策等相关问题，结合地方生态环境主管部门的专项需求进行完善。

第三部分 案例篇

Part 3

本篇以河南某矿山的环保管家服务项目为案例，介绍环保管家服务在实际中开展的具体流程以及服务方案的实施过程。

第6章　河南某矿山的环保管家服务

2018年，环保管家团队在河南某矿山开展了环保管家服务工作，主要完成了环境风险点排查、日常咨询、环保培训、政策解读等工作，并协助企业完成了污水排放口和危险废物暂存间的改造、排污许可证申领和环境保护税的测算等工作。

6.1　服务需求

企业对矿山的环保工作高度重视，从项目立项到实施的整个过程都要求其严格按照国家法律法规和政策要求全面落实各项环保工作，坚决配合"打赢蓝天保卫战"的行动计划。但由于公司环保专业人员有限，所以迫切需要专业的第三方环境服务机构提供专业的环保管家服务。2018年，环保管家团队与企业沟通后，初步确定了企业的服务需求。

依托环保管家团队的技术优势，从水、气、固体废物、生态等方面的问题入手，结合企业生产工艺，针对企业出现的环保问题及时提供专业的理论和技术指导，并对国家新发布实施的环保法规、政策及标准进行有效解读，协助企业对环保防治措施进行提标改造。

6.2　资料收集

对接企业对环保管家的具体需求后，环保管家团队立即开展资料收集工作。收集了企业《采选工程环境影响报告书》及图集、《尾矿库勘查设计报告》及图集、《采选工程初步设计报告》及图集、《清洁生产审核报告》《现状环境影响评估报告》及图集、《煤改气锅炉改造项目环境影响报告表》《突发环境应急预案》、例行监测报告等相关资料。

6.3 现场踏勘

结合收集到的资料，组织专家开展初步现场踏勘工作。基本目标是进行现状调查，并对实际情形与书面资料进行对照和确认，调查与企业相关的环境现状，包括自然环境现状、环境保护目标、环境质量现状、区域污染现状、污染防治设施和环境风险排查等方面的现状。

6.4 方案制定

6.4.1 企业环境保护现状

环保管家梳理了该公司下属的 5 个项目的基本情况，包括环保手续履行、污染防治措施落实、污染物排放达标等情况，同时对标国家、地方及行业的相关环保要求。

6.4.1.1 大气环境保护现状

①经现场踏勘，粗碎站进料口已设置了一套水喷淋措施，粗碎过程中产生的粉尘经集气管收集后，进入 1 套布袋式除尘器进行处理，后经 1 根 15 m 高的排气筒排放，达到了环保措施要求。

② 5 000 吨 / 日选厂主体生产设备密闭，在破碎、筛分过程中的粉尘经破碎机、振动筛上设置的集气管收集后，分别进入 4 套湿式三效除尘器处理，含尘废气经除尘器内置的旋风 +2 级水喷淋净化处理后，分别经 1 根 35 m 高排气筒排放，共有 4 根。物料周转用皮带输送廊道均安装了密闭罩，转运站内皮带输送机转运过程中产生的粉尘经集气罩收集后进入 1 套湿式三效除尘器处理（共设置了 2 台，1 备 1 用），处理后经 1 根 15m 高的排气筒排放。

③ 20 000 吨 / 日选厂生产工艺先进，在破碎、筛分过程中产生的粉尘相较于 5 000 吨 / 日选厂较少，粉尘经破碎机、振动筛上设置的集气管收集后，分别进入 2 套湿式三效除尘器处理。物料周转用皮带输送机均设置了密闭输送廊道，转运站内皮带输送机转运过程中产生的粉尘经集气罩收集后进入 1 套湿式三效除尘器处理。

④企业基本按照环境影响评价所提出的各项大气污染防治措施来实施，但仍

存在一系列问题。笔者在调查过程中发现，5 000 t/d 选厂的破碎与筛分车间和转运站内，粉尘收集管道破损较为严重，产生的漏点较多，特别是在一些管道弯头和接口处，因此车间内粉尘沉积现象较重。

⑤ 5 000 t/d 选厂铁精粉露天存放，在一小部分区域盖上了苫布，而在大部分区域没有任何无组织粉尘的防治措施。

⑥根据《大气污染物综合排放标准》（GB 16297—1996），排气筒高度应高出周围 200 m 半径范围的建筑 5 m 以上，不能达到该要求的排气筒，排放速率标准值则严格 50% 执行。但经现场调查，企业两个选厂的排气筒高度并未高出周围 200 m 半径范围的建筑 5 m 以上（图 6-1）。

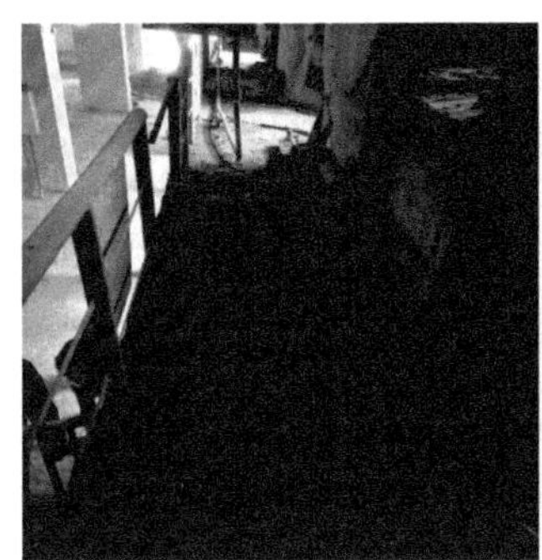

图 6-1 大气污染现状

6.4.1.2 水环境保护现状

①经现场踏勘，露天矿坑涌水经过一个二级沉淀池后用于选厂。选矿生产废水以尾矿浆形式进入矿浆池，钼精粉浓缩、压滤废水直接返回搅拌桶，铁精粉压滤废水经沉淀后进入矿浆池，最终随尾矿浆一起泵入尾矿库，在尾矿库经自然沉淀澄清后，通过尾矿库坝下回水池打回选厂高位水池循环使用，当发生停电等突发事故时，利用事故池对事故状态下的尾矿浆进行收集；湿式三效除尘器用水由于散失定期补充，不外排。

②企业在生活区设置了化粪池和两套地埋式一体化处理设施，化粪池位于篮球场东侧硬化空地内，大小为 80 m^3，两套一体化污水处理设施位于篮球场东侧绿地内，处理规模分别为 120 t/d 和 240 t/d，处理工艺为“格栅 + 厌氧调节 + A/O+ 沉淀 + 消毒”，办公楼、职工宿舍、浴室、食堂所产生的生活污水均进入该处理设施进行处理。

③企业在地下水防治方面采取了以下措施：一般防渗区生产区、生活区地面均采用防渗混凝土硬化处理，车间地面防渗混凝土厚度达到了 30 cm；矿浆池、事故池、钼精粉储存池均采用 30 cm 防治混凝土建设；矿浆输送管道采用耐磨、耐腐蚀、耐高压、抗黏结的复合管材；钼矿石进场后直接进入粗碎，不设暂存场所，固体选矿药剂储存于药剂制备间内，钼精矿吨袋包装后入库暂存；油库储罐周围设置围堰，内表面进行了防渗处理；化粪池采用防渗混凝土建设。

④现场踏勘期间，企业有 3 个生活污水外排口。

6.4.1.3 声环境环保措施

企业对于生产设备噪声和道路运输噪声基本达到了环保要求，破碎、球磨、筛分设备均安装在密闭车间内，并采取了基础减震措施，没有安排夜间运输，保持了良好的车况。

6.4.1.4 固体废物环境保护现状

①企业基本落实了环保要求。采矿废石排入了露天采场南面的废石场，废石场已修建了浆石沟渠和废石坝。尾矿排入了泉水沟尾矿库和寺沟尾矿库，正在建设北沟尾矿库。厂区内已设置了垃圾收集桶，生活垃圾统一收集，由环卫清运至生活垃圾填埋场。除尘器收集的粉尘作为原材料返回到生产工序中。

②钠离子交换树脂：与环境影响评价及批复内容一致，在水泵房软水制备装置南侧设置一处 5 m^2 的危险废物暂存区，危险废物暂存区设置 2.5 m × 2.0 m × 0.3 m 的围堰，并张贴有危险废物标识，采取了防渗措施；危险废物暂存区内设置 4 个危险废物专用收集桶。

③废石场渗滤液没有进行收集，并且存在生活垃圾排放现象。根据《一般工业固体废物贮存、处置场污染控制标准》（GB 18599—2001）要求，一般工业固体废物贮存、处置场要有防渗系统、集排水系统、渗滤液收集系统和处理系统。

④现场踏勘时，企业有危险废物废油的产生，现场未见专门的危险废物贮存间，存在废油桶露天存放的现象，根据《危险废物贮存污染控制标准》（GB 18597—2001），所有危险废物产生者和危险废物经营者应建造专用的危险废物贮存设施，用以存放液体或半固体危险废物和贮存设施，必须有耐腐蚀的硬化地面，且表面无缝隙。

6.4.1.5　生态环境保护现状

企业基本按照环境影响评价要求在逐步落实生态环境保护要求，废石场上游已修建截水沟，并进行了浆石化，缩小了汇水面积；企业还在寺沟尾矿库初期坝完工后和每形成一道子坝的最终边坡后，对环境进行了植被恢复，在厂区内道路两侧及建筑物四周进行绿化。

6.4.2　现有环境问题梳理

环保管家团队共开展了 6 次现场调研工作。结合现场踏勘发现的环境问题来梳理相关法律法规，反复与企业相关人员进行沟通，并研读了企业提供的设计文件、各项环保手续等材料，多次开展专家咨询工作，依据现行法律法规及环保督察的要求，梳理了企业目前存在的环保问题。

环保管家服务期间企业存在的环境问题如下：

①选厂的排气筒高度不符合《大气污染物综合排放标准》（GB 16297—1996）的标准要求；

②选厂的铁精矿成品仓露天堆存；

③废水存在 3 个外排口；

④废石场未设置淋滤水收集池；

⑤废石场下游设置侵占河道；

⑥危险废物暂存设施不完善；

⑦车库与锅炉房距离不满足要求；

⑧企业环境信息公开需完善；

⑨环保运行台账制度不完善；

⑩环境监测制度不完善；

⑪未对 20 000 t/d 选厂开展清洁生产审核。

6.4.3　服务项目

企业针对自身的环保需求，选择了基础服务和定制服务中的相关内容。

（1）环境问题梳理

协助企业对现有环境问题进行梳理，包括对环保手续梳理、污染防治设施运营存在的问题等。

（2）日常环境管理的咨询

协助企业开展排污许可证申请的材料编制、环境保护税测算方案的编制、生活垃圾处置协议完善等相关内容。

（3）环保培训

协助企业对员工开展环境保护法律法规及日常环境管理的培训工作，提高员工对环境保护的参与意识。

（4）环保制度的梳理及完善

协助企业对现有的环保制度进行完善。

（5）图书系列

每年年底，编制完成一本有针对性的环保图书，对企业一年来的环保工作进行整理、归纳和总结，协助企业有效地进行环保决策，完善环保管理体系，为进一步开展环保工作做好准备。

6.4.4 整改方案

针对梳理出的环境问题，环保管家团队为企业开具了“对症下药”的处方。环保管家团队分批次为企业下发了整改方案，同时多次开展现场调研，协助企业完成了环保整改工作。目前，企业已按照整改方案的要求，一一对标落实整改工作。

6.5 方案实施

6.5.1 国家及地方环保法律法规政策解读

①组织专家团队对企业开展矿山行业环保相关法律法规、政策及标准的解读及培训，使企业及时了解国家环保法规政策动向；

②组织专家团队对企业开展矿山行业环保制度、环境管理等方面的培训，使企业及时更新环境管理制度，提升内部环境管理水平；

③重点针对开采矿山的环境风险点——尾矿库，对企业开展尾矿库环境风险管理的政策解读和培训，提高企业的环境风险管控能力和应急处置能力。

6.5.2 环境隐患排查

专家团队共开展 6 次现场调研工作，结合现场踏勘发现了环境隐患，梳理了矿山行业相关的法律法规，并与企业对接人员沟通，研读了企业提供的设计文件、各项环保手续等材料，多次开展专家咨询活动，根据现行法律法规及环保督察的要求，进行环境风险点排查，排查内容包括环保手续是否齐全，污染防治设施是否符合要求，环境管理制度、环境台账等与环境管理相关的措施是否完善，共计排查出了企业现存的环境隐患点 19 处。

6.5.3 环境咨询

针对企业日常运营发现的环保问题开展多项咨询服务。包括对环境保护税的测算、对排污许可证的申请指导、对分解测定实验室执行标准的咨询、对生活垃圾处置协议的完善、对水资源税征收范围的咨询、对尾矿库环境应急演练方案的完善等。

6.5.3.1 环境保护税的测算指导

（1）水污染物

公司生活污水和生产废水经尾矿库沉淀后回用，不外排。由于尾矿库水存在下渗的情况，污染了地下水环境，所以需缴纳环境保护税。

①下渗量。

应税水污染物的排放量按照物料平衡来计算，具体见式（6-1）：

$$W_{下渗量}=W_{产生量}+W_{降雨径流量}-W_{产品带走}-W_{回用}-W_{蒸发} \tag{6-1}$$

由于企业未统计回用水量，统计有新鲜补水量，因此，按照式（6-2）核算：

$$W_{下渗量}=W_{新鲜补水}-W_{产品带走}+\left(W_{降雨径流量}-W_{蒸发}\right) \tag{6-2}$$

②污染物浓度。

监测因子：第一类污染物、第二类污染物、pH、色度和大肠菌群等监测因子。

监测断面：第一类污染物需在车间或生产设施废水排放口进行监测；第二类污染物可以在总排放口进行监测。

监测频次：按照《排污单位自行监测技术指南 总则》（HJ 819—2017）执行。

（2）大气污染物

①有组织排放的大气污染物。

企业涉及的有组织地排放的大气污染物包括 5 000 t/d 选厂和 20 000 t/d 选厂的除尘设施排放的一般性粉尘；锅炉房产生的二氧化硫、氮氧化物、一般性粉尘等。

锅炉属于《固定污染源排污许可分类管理名录（2017 年）》的通用行业，需在 2019 年 1 月 1 日前申请排污许可证。本季度不属于采暖季，企业锅炉房尚未运行，本次不涉及环境保护税的测算。

监测点位：5 000 t/d 选厂中细碎车间的 4 套除尘设施的出口、粗碎工段除尘设施的出口；20 000 t/d 选厂的粗碎工段 2 套除尘设施的出口。

监测频次：半年一次。

监测规范：《排污单位自行监测技术指南　总则》（HJ 819—2017）、《固定污染源烟气（SO_2、NO_x、颗粒物）排放连续监测技术规范》（HJ 75—2017）、《固定污染源排气中颗粒物和气态污染物采样方法》（GB/T 16157—1996）。

②无组织排放的大气污染物。

企业无组织排放的污染源主要有废石场、采矿场和铁精矿粉堆存场。

由于无组织排放粉尘无法通过监测获取数据，建议企业先与地方税务部门或者生态环境主管部门沟通该地区无组织排放的粉尘核算方法。本次给出 A、B 两种无组织排放粉尘的测算方法，可作为参考。

A. 参考《青海省部分行业环境保护税应税污染物排放量抽样测算方法（试行）》。

采选矿行业粉尘无组织排放量计算公式如下：

$$WM=WS+WR+WY+WB+WD \tag{6-3}$$

式中，WM——采选矿行业粉尘无组织排放总量；

WS——露天采场扬尘无组织排放量；

WR——矿山道路扬尘无组织排放量；

WY——物料堆场扬尘无组织排放量（为装卸与堆存两类扬尘排放量之和）；

WB——破碎筛分粉尘无组织排放量；

WD——矿山爆破粉尘无组织排放量。

在对粉尘无组织排放量计算时，应优先采用公式法，所用公式参考《扬尘源颗粒物排放清单编制技术指南》（环境保护部公告　2014 年第 92 号）；在公式法计算所需参数无法获取时，可采用排污系数法。

B. 推荐部分核算公式。

a. 废石场扬尘。

采用北京市环境科学研究院推荐公式（6-4）：

$$Q_1 = 11.7U^{2.45} \times S^{0.345} \times e^{-0.5\omega} \times e^{-0.55}(W - 0.07) \qquad (6-4)$$

式中，Q_1——矿堆起尘量，mg/s；

W——物料湿度；

ω——空气相对湿度；

S——堆体表面积，m^2；

U——临界风速，m/s。

b. 装卸车粉尘。

采用《中国环境影响评价》推荐的秦皇岛煤码头常用式（6–5）计算：

$$Q_2 = 98.8/6 \times M \times e^{0.64U} \times e^{-0.27} \times H^{1.283} \qquad (6-5)$$

式中，Q_2——矿石装卸扬尘量，g/ 次；

U——当地平均风速，m/s；

M——车辆吨位；

H——矿石装卸高度，m。

c. 道路扬尘。

道路扬尘计算见式（6–6）：

$$Q_p = 0.123 \times \left(\frac{V}{5}\right) \times \left(\frac{M}{6.8}\right)^{0.85} \times \left(\frac{P}{0.5}\right)^{0.72} \qquad (6-6)$$

$$Q' = Q_p \times L \times Q / M$$

式中，Q_p——车辆扬尘量，kg/（km · 辆）；

Q'——车辆扬尘量，t/a；

V——车辆速度，10 km/h；

M——车辆载重量，t/ 辆；

P——道路灰尘覆盖量，0.5 kg/m^2；

L——运输距离，km；

Q——运输量，t/a。

③北京无组织排放的核算要求。

a. 建设工程施工工地产生的扬尘的应纳税额为：

应纳税额 = 具体适用税额 × 建设工程施工工地用地面积 ×0.065× 施工工期 × 施工工地扬尘排放调整系数

具体适用税额为北京市应税大气污染物适用税额。建设工程施工工地用地面积为建设单位（含代建方）建设工程用地面积。施工工期按月进行核算，不足1个月工期的，按照不同施工阶段的实际施工天数除以当月实际天数折算。施工工地扬尘排放调整系数依照所附《工地扬尘排放调整系数》执行。

b. 建设单位（含代建方）建设工程用地面积按照下列方法确定：

首先，依据国土、规划、住房和城乡建设部门出具的《中华人民共和国国有土地使用证》《建设项目规划条件》《建设用地规划许可证》《建设工程规划许可证》《建筑工程施工许可证》《中华人民共和国房屋所有权证》或《中华人民共和国不动产权证书》，以及有审批权限行政主管部门的批复文件或其他有关材料上所载明的数据核定计算；

其次，无相关审批文件证明施工用地面积的工程，由建设单位按照实际用地面积核定计算；

最后，公路、铁路、水务、管网等线性工程，核定时应依据长度、宽度、管径等主要技术参数计算。

（3）固体废物

企业涉及的固体废物包括废石、尾矿、危险废物和生活垃圾。

根据《中华人民共和国环境保护税法》第四条“企业事业单位和其他生产经营者在符合国家和地方环境保护标准的设施、场所贮存或者处置固体废物的”，不属于直接向环境排放污染物，不缴纳相应污染物的环境保护税。

（4）噪声

分别在采场和2个选厂厂界四周各布设4个监测点位。

若厂界四周昼夜噪声值均满足《工业企业厂界环境噪声排放标准》（GB 12348—2008）一类标准限值要求，可不缴纳环境保护税。

若厂界四周昼夜噪声值不满足《工业企业厂界环境噪声排放标准》（GB 12348—2008）一类标准限值要求，按照超标分贝数缴纳环境保护税。超标1～3 dB，每月350元；超标4～6 dB，每月700元；超标10～12 dB，每月2 800元；超标13～15 dB，每月5 600元；超标16 dB以上，每月11 200元。

6.5.3.2 排污许可证的申请指导

（1）排污许可证核发部门

向当地县生态环境主管部门申请排污许可证。

企业锅炉属于“《固定污染源排污许可分类管理名录（2017年版）》，33个通用工序实施简化管理的行业”。

根据《河南省排污许可证管理实施细则》第五条“县级环境保护行政主管部门负责辖区内实施简化管理的排污单位排污许可证的核发工作”。

（2）申请流程

企业需登录“全国排污许可证管理信息平台”（http://permit.mee.gov.cn/permitExt/outside/default.jsp），注册账号，提交相关材料。

根据《河南省排污许可证管理实施细则》第七条“排污许可证申请、受理、审核、发放、变更、延续、注销、撤销、遗失补办应当在全国排污许可证管理信息平台上进行，通过全国排污许可证管理信息平台对排污许可证实行统一编码”。

（3）所需材料

向当地县生态环境主管部门提交由“全国排污许可证管理信息平台”形成的书面申请材料：

①排污许可证申请表；

②承诺书；

③废气排放口规范化设置的情况说明；

④建设项目环境影响评价文件批复；

⑤验收意见；

⑥排污许可证申请前信息公开情况说明表。

根据《河南省排污许可证管理实施细则》第十九条规定排污单位应当按照行业排污许可证申请与核发技术规范有关要求，通过全国排污许可证管理信息平台提交排污许可证申请，同时向核发部门提交通过平台形成的书面申请材料。排污单位对申请材料的真实性、合法性、完整性负法律责任。申请材料应当包括三方面，首先是排污许可证申请表，该表主要内容包括排污单位基本信息，主要生产装置，废气、废水等产排污环节和污染防治设施，申请的排污口位置和数量、排放方式、排放去向、排放污染物种类、排放浓度和排放量、执行的排放标准；其次是有排污单位法定代表人或者实际负责人签字或者盖章的承诺书；最后是排污单位按照有关要求进行排污口、监测孔及在线监测采样点规范化设置的情况说明。

6.5.4 环保培训

6.5.4.1 “环保新形势与企业绿色发展”培训

（1）培训背景

基于目前环境保护的大形势，为了给企业做好环境宣传及环境保护知识普及的工作，更好地为企业开展环境管理提供技术支撑，为企业更好地实现绿色发展服务，环保管家团队于 2019 年 11 月为企业环保部门的人员开展了一场与“环保新形势与企业绿色发展”相关的知识培训。

（2）培训内容

①强化宏观规划布局。

“十三五”期间，经济社会发展不平衡、不协调、不可持续的问题仍然突出，多阶段、多领域、多类型的生态环境问题交织，生态环境与人民群众的需求和期待差距较大，提高环境质量，加强生态环境综合治理，加快补齐生态环境短板，是当前的核心任务。

梳理了新形势下国家出台的相关文件要求：

《“十三五”生态环境保护规划》要求“强化源头防控，夯实绿色发展基础，推进供给侧结构性改革。强化环境硬约束推动淘汰落后和过剩产能。依据区域资源环境承载能力，确定各地区重点行业规模限值。实行新（改、扩）建项目重点污染物排放等量或减量置换。实施专项治理，全面推进达标排放与污染减排，实施工业污染源全面达标排放计划。加大重金属污染防治力度”。

《土壤污染防治行动计划》要求“严控工矿污染，加强日常环境监管。各地要根据工矿企业分布和污染排放情况，确定土壤环境重点监管企业名单，实行动态更新，并向社会公布。加强工业废物处理处置，全面整治尾矿、煤矸石、工业副产石膏、粉煤灰、赤泥、冶炼渣、电石渣、铬渣、砷渣以及脱硫、脱硝、除尘产生固体废物的堆存场所，完善防扬散、防流失、防渗漏等设施，制定整治方案并有序实施”。

还有《水污染防治行动计划》《重点流域水污染防治规划（2016—2020 年）》《工业绿色发展规划（2016—2020 年）》《环境保护部推进绿色制造工程工作方案》等相关文件的梳理培训。

②严格监督执法。

新修订的《中华人民共和国环境保护法》实施 3 年，加大处罚力度内容包括查封扣押、按日计罚、限产 / 关停、公告、行政拘留、判刑等。2014 年全国环保系统的处罚额度为 31 亿元，2015 年为 42 亿元，2016 年为 66 亿元，2017 年全国环保系统共下达环境行政处罚决定书 23.3 万份，同比上升 86.5%，罚没款数额总计 115.6 亿元，同比上升 74.2%。

2016 年新修订的《中华人民共和国大气污染防治法》与新修订的《中华人民共和国环境保护法》衔接，将“大气十条”中的有效政策转化为法律制度。在处罚手段上有了突破性的规定——有违法行为就有处罚，提高了罚款限额，按日计罚，增加了处罚种类。

2018 年 1 月 1 日起施行的《中华人民共和国环境保护税法》消除了排污费制度存在的执法刚性不足、地方政府干预等问题；提高了纳税人的环保意识和遵从度，强化了企业治污减排的责任；实现了收费与征税制度的平稳转换，促进了企业履行环保责任，主动减少污染物排放；税收刚性有所凸显，征收机制更加严格，约束机制进一步增强，将促使企业主动采取措施减少污染物排放，实现税收调节作用和全民保护生态环境的最终目标。

2017 年年底，环境保护部六大“督察局”正式亮相，环保督察成为常态。中央环保督察实现对 31 个省（区、市）的全覆盖。时间跨度之长、辐射范围之广、行动力度之大、问责人数之众、涉及问题之多可谓空前。

③近期热点与新动向。

近两年重点工作集中在攻坚任务上：打赢蓝天保卫战，打好柴油货车污染治理、城市黑臭水体治理、渤海综合治理、长江保护修复、水源地保护、农业农村污染治理攻坚战，确保 3 年时间明显见效；垃圾焚烧达标排放、绿盾行动、打击洋垃圾进口、危险废物非法转移；机构设置、人员配置全部围绕攻坚任务来。

减少简单粗暴的工作方法，讲道理、柔性化、重服务、包保组，打好污染防治攻坚战，要坚守阵地、巩固成果，聚焦做好打赢蓝天保卫战等工作，加大工作和投入力度，同时要统筹兼顾，避免处置措施简单粗暴。要增强服务意识，帮助企业制定环境治理解决方案。

约束执法、规范执法，工作整体计划性增强，《国务院办公厅关于全面推行行政执法公示制度执法全过程记录制度重大执法决定法制审核制度的指导意见》（国办发〔2018〕118 号）；各种督察检查整合为中央督察和强化监督两项，强化监督制定年度方案报中央批准执行。

④企业实现绿色发展的思路。

随着我国经济进入新常态，资源和环境约束不断加强，主要依靠资源要素投入的粗放型发展方式难以为继，走绿色发展道路刻不容缓。

为了应对环境管理要求逐步提高、人民群众的环保意识逐渐增强、新环境标准及督察巡查要求等新形势下的环保需求，提倡企业从源头控制污染，促进各项污染物全过程控制和削减，实现清洁生产走可持续发展道路。

企业实现清洁生产，可以真正促进节能减排、有效防范和降低环境风险、提高企业社会形象，清洁生产是绿色发展的最佳选择，清洁生产在中国的推进，影响着政府的决策、企业的发展乃至我们每个人的生活方式，这种变革正在进行并且未来还将继续。

清洁生产审核既是推行清洁生产的有效途径，也是生态环境部多年来促进清洁生产工作的核心。通过清洁生产审核，可协助企业对自身环境保护的各项管理做自我诊断，包括企业的合规性、达标情况、环境风险、技术升级，最终为企业实现绿色发展做技术铺垫。

6.5.4.2 尾矿库风险管理相关培训

（1）培训背景

2020 年 3 月 28 日 13 时 40 分，黑龙江省伊春鹿鸣矿业有限公司（以下简称鹿鸣矿业）钼矿尾矿库发生泄漏，导致泄水量增多并伴有尾矿砂，对水环境造成污染，威胁下游伊春铁力市饮用水水源地和松花江水环境安全。事故发生后，中央领导作出重要批示，生态环境部、黑龙江省委、省政府迅速启动突发环境事件应急响应。

截至 4 月 11 日凌晨 3 时，经过 14 天昼夜奋战，成功实现了“不让超标污水进入松花江”的预定应急目标，避免了“第二次松花江事件”的发生。

此次鹿鸣矿业钼矿尾矿库矿泄漏事件，中央和地方投入了大量的人力和物力，且在事件处置后引发了生态损害赔偿的调查，调查结果也须上报国务院，由此看出，国家对尾矿库突发环境风险的管控力度将进一步升级。

为了协助企业做好尾矿库的源头防控，以案为鉴，提高企业的环境风险管控能力和应急处置能力，以鹿鸣矿业事件的发生为契机，环保管家团队为企业开展了尾矿库风险管理的培训工作，旨在总结分析企业所属尾矿库目前存在的环境风险点及应急处置措施的有效性，为提高企业的环境风险预警能力提供了技术支撑。

（2）培训内容

环保管家团队于 2020 年 6 月 4 日，为企业开展了尾矿库风险管理的培训工作。主要培训内容包括：

①相关要求；

②相关法律法规；

③鹿鸣矿业钼矿尾矿砂泄漏事件；

④企业的尾矿库管理现状；

⑤企业环境风险管控建议。

（3）培训提出的相关整改措施

①“头顶库”的问题。

“头顶库”指下游 1 km 左右有居民或重要设施的尾矿库。企业所属北沟尾矿库属于“头顶库”，按照《防范化解尾矿库安全风险工作方案》（应急〔2020〕15 号）的要求：“‘头顶库’企业每年要对‘头顶库’进行一次安全风险评估。”企业应尽快完成尾矿库下游居民的搬迁工作，使尾矿库不再属于“头顶库”。

②尾矿库环境应急风险的建议。

根据《突发环境事件应急预案（第二版）》和《尾矿库突发环境事件应急预案（第一版）》，结合鹿鸣矿业尾矿库泄漏事件，针对企业尾矿库的环境风险点和应急处置措施的有效性，提出以下整改建议：

a. 某些突发环境风险情景下没有制定相应的源头堵漏措施，如排洪系统泄漏时，如何对已损坏的排水设施进行疏通堵塞或修补更换，没有相关预案；

b. 应急监测中监测因子除体现特征污染物外，还应能实现快速检测，建议企业对监测因子进行优化，并增加体现饮用水水质的指标；

c. 应急预案中没有体现药剂的投加方案，企业应当对尾矿进行投药实验，明确投加药剂名称和投加工艺；

d. 企业应当保证各项应急救援物资充足并处在有效期内，如在排洪系统泄漏和坝体损坏情景中，需要投加的药剂数量巨大，企业至少应确认 1～2 家药剂生产厂商的联系方式；

e. 建议企业以后编制应急预案时应细化情景设置，并增加筑坝位置。企业还可制作各情景下的应急处置卡，并下发给一线工作人员；

f. 根据《防范化解尾矿库安全风险工作方案》（应急〔2020〕15 号）的要求，“2022 年 6 月底前，湿排尾矿库要实现对坝体位移、浸润线、库水位等的在线监测和重要部位的视频监控”。建议企业将此项工作排入工作日程中，并逐步将其完善。

6.6 实施效果

6.6.1 污水排放口整改

根据现场踏勘情况，企业存在采矿区矿坑涌水和生活污水外排的现象：

①采矿区旋回车间泵房附近的东沟河边有 1 个排放口，排放未回用的露天矿坑涌水；

②生活污水处理装置未运行，设置了 3 个临时排放口。

环境影响评价要求，采矿区涌水经沉淀后回用，不外排。建设地埋式污水处理装置，生活污水处理后回用，不外排。

后与企业沟通，建议企业严格执行环境影响评价要求，根据采场实际涌水量，建设相应回水设施；对矿区的生活污水进行处理后回用，并建立生活污水处理设施的运行台账。

企业已按照建议，积极完成矿坑涌水和生活污水回用的设施建设工作，目前已完成整改，废水不外排。

6.6.2 危险废物暂存设施整改

（1）整改情况

现场踏勘时，危险废物场未见专门的危险废物贮存间，存在废油桶露天存放的现象。

根据《危险废物贮存污染控制标准》（GB 18597—2001）的要求，所有危险废物产生者和危险废物经营者应建造专用的危险废物贮存设施，用以存放装载液体、半固体危险废物容器的地方，必须有耐腐蚀的硬化地面，且表面无缝隙。危险废物的堆放基础必须防渗，应设计雨水收集池，且要防风、防雨、防晒。

目前企业新建了危险废物暂存间，但未做到密闭储存。需要继续整改落实（图 6-2）。

（2）危险废物贮存间的要求

①危险废物贮存间必须要密闭建设，门口内侧设立围堰，地面应做好硬化及“三防”（防扬散、防流失、防渗漏）措施。

图 6-2　危险废物贮存间整改后情况

②危险废物贮存间门口需张贴标准规范的危险废物标识和危险废物信息板，屋内张贴企业《危险废物管理制度》。

③危险废物贮存间需按照“双人双锁”制度管理（两把钥匙分别由两个危险废物负责人管理，不得由一人管理）。

④不同种类危险废物应有明显的过道划分，墙上张贴危险废物名称，液态危险废物需将盛装容器放至防泄漏托盘内，并在容器上粘贴危险废物标签，固态危险废物包装需完好无破损并系挂危险废物标签，标签要按要求填写。

⑤建立台账并悬挂于危险废物间内，转入及转出（处置、自利用）时，需要填写危险废物种类、数量、时间及负责人员姓名。

⑥危险废物贮存间内禁止存放除危险废物及应急工具以外的其他物品。

⑦危险废物贮存设施应建在易燃、易爆等危险品仓库，或高压输电线路防护区域以外。

⑧贮存场所地面须硬化处理，并涂至少 2 mm 密度高的环氧树脂，以防止渗漏和腐蚀。

⑨必须有泄漏液体收集装置（收集沟及收集井，以收集渗滤液，防止外溢流失现象）、气体导出口及气体净化装置。设施内要有安全照明设施和观察窗口。

⑩用以存放装载液体、半固体危险废物容器的地方，必须有耐腐蚀的硬化地面，且表面无裂隙。

⑪应设计堵截泄漏的裙脚，地面与裙脚所围建的容积不低于堵截最大容器的最大储量或总储量的 1/5。

⑫不相容的危险废物必须分开存放，并设有隔离间隔断。

⑬装载危险废物的容器必须完好无损。

⑭盛装危险废物的容器材质和衬里要与危险废物相容（不相互反应）。

⑮装载液体、半固体危险废物的容器内须留足够空间，容器顶部与液体表面之间保留 100 mm 以上的空间。

⑯盛装危险废物的容器上必须粘贴符合《危险废物贮存污染控制标准》附录 A 所示的标签（图 6-3）。

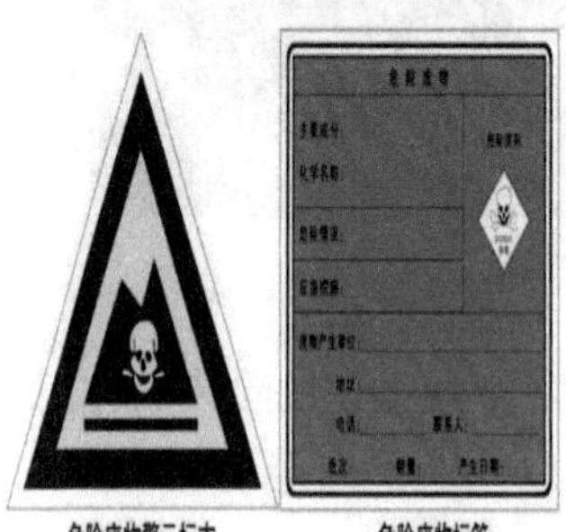

危险废物警示标志　　危险废物标签

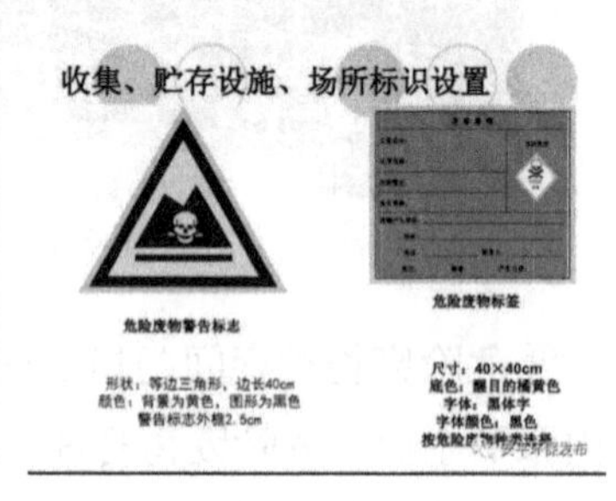

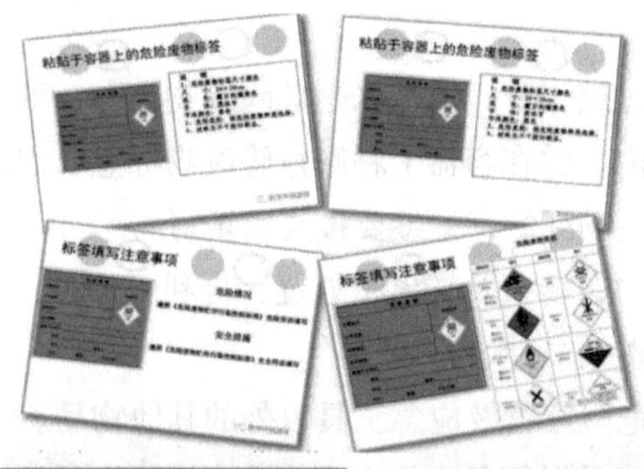

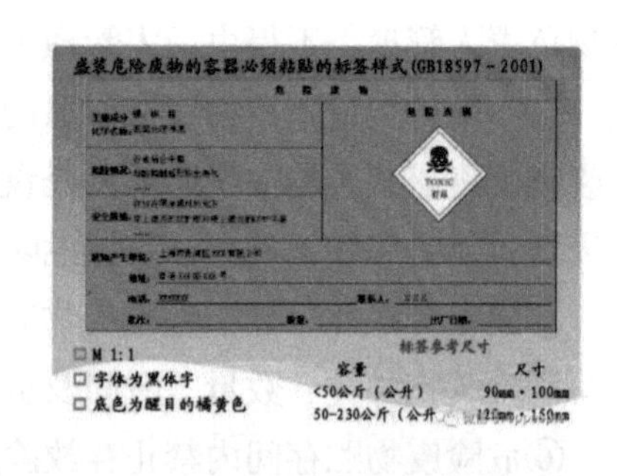

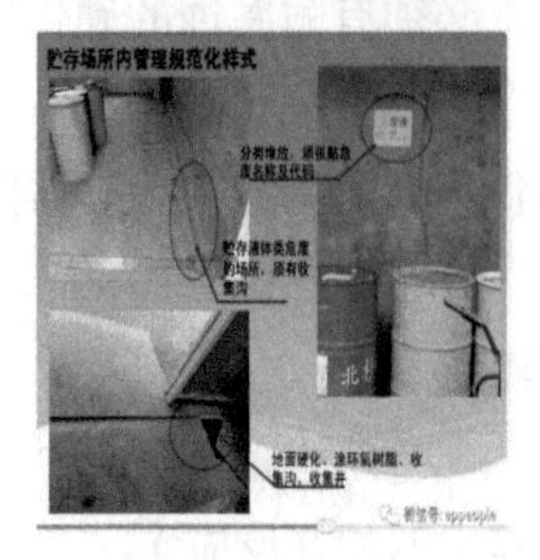

图 6-3　危险废物标识

6.6.3 排污许可证申领

指导企业提交锅炉排污许可证申请的途径与提交的资料，目前企业已向当地生态环境部门申领锅炉排污许可证。

6.6.4 生活垃圾处置协议

目前，在环保管家的指导下，企业已与当地生态环境部门签订了生活垃圾处置协议。

6.6.5 尾矿库环境应急演练

企业按照环保管家要求的尾矿库应急演练方案，开展了演练工作。

6.6.6 实施效果分析

6.6.6.1 整改效果分析

企业根据环保管家制定的整改方案，对不符合环保要求的环境问题进行了整改，整改后企业实现了污水不外排、大气污染防治措施、危险废物处置措施、环境管理的合规性。在环保管家服务期内，企业环保合法合规，污染物排放达标，未受到环保处罚。

6.6.6.2 环保培训效果分析

通过开展环保宣传和培训工作，大大提升了企业人员的环保认知能力，指引环保管理人员全面、专业地履行生态环境保护工作。通过环保培训，企业意识到尾矿库的环境风险，对尾矿库的应急预案进行了修订，并落实了对尾矿库环境风险的建议措施，将尾矿库溃坝后的环境风险控制在环境影响可控的范围内。

6.6.6.3 现代化环境管理效果

环保问题实现了从单一化、被动式、碎片化向综合化、主动式、系统化的转变。通过定期进行环保核查，核查出企业存在 5 类环保问题；通过进行污染识别、风险等级划分、责任整改监管，短期内排除了企业面临的环境风险，提升了环境效益，消除了重大环境风险。针对整改中存在的问题，积极探究和指导落实了可操作性强、性价比高的环保措施，有效降低了企业的治污成本，提升了企业现代化环境管理水平。

第四部分

建议篇

Part 4

第7章　建　议

7.1　环保管家存在的主要问题

（1）创新力度不足

环保管家服务工作的开展需要对先进的技术和设备进行应用，但我国目前多数环保设备依赖进口，这极大地增加了环境治理成本。而且由于我国对环保技术和设备的自主研发能力相对较弱，开展科研工作的回收周期相对较长，企业缺乏创新意识，没有对科研项目投入足够的资金，也使得我国环保管家服务工作的开展受到了严重阻碍。

（2）工作模式不成熟

由于环保服务市场属于一个新兴市场，其服务质量参差不齐，存在服务不规范、工作模式不成熟等问题。目前，绝大多数第三方环保管家服务仍以线下人工服务为主，主要包括知识宣教、监测巡查等基础工作，服务内容大多流于形式，未能真正意义上实现管家的职能，无法满足环保信息化建设的需求和企业/园区环保风险预警、环保应急处理等深层次的环保要求。

（3）法律体系不完善

我国的环保管家服务行业成立时间相对较短，同时由于环保管家的多样化和综合性服务，相关法律法规和监管机制不够完善，截至目前尚未出台任何具体的服务机构管理细则，环保管家的服务质量得不到真正的保证；没有门槛和限制条件，也会导致不正当竞争的出现，造成市场混乱、服务质量低下，不利于环保管家服务模式更好、更快地发展。

7.2　建议

（1）鼓励创新技术研发

鼓励环保技术大力创新，提高人们的环保意识，同时还需要完善相关的环保创新体制，对高素质的专业人才加大培养力度。除此之外，政府部门需要大力扶持环保技术的创新工作，加强企业和研发机构之间的合作，使我国环保技术的自主创新能力得到有效提高。对于知识产权需要进行有效保护，使企业的合法权益得到有效维护，将相关技术充分转化为具体的工作成果。

（2）完善环境管理体系

完善的环境管理体系是新形势下开展环保管家服务模式的保障。完善的环境管理体系不仅可以提升环保管家的工作效率，推动企业专项环境保护和治理工作的高效进行，还可以根据企业的实际产业情况制定专门的污染治理方案，如水污染治理方案、土壤污染治理方案等，确保环保管理方案的切实可行。

（3）充分发挥生态环境主管部门的导向作用

环保产业受政策导向影响大，建议生态环境主管部门通过完善环保相关的法律体系，强化政策引导，明确行业发展方向。在给予其有力支持的同时，健全监管机制，明确行业组织的监督管理责任，强化其对服务机构的考核评估力度，明确服务机构违约、失信的处罚措施，建立信用评估体系，并通过权威渠道公开发布相关信息，以规范市场环境，维护市场的良性竞争氛围。

附录

环境保护的相关要求

附录 1　建设项目环境影响评价

（一）建设项目环境影响评价的分类管理

《建设项目环境影响评价分类管理名录》中规定：建设单位应当严格按照本名录确定建设项目环境影响评价类别，不得擅自改变环境影响评价类别。

①建设内容涉及本名录中两个及以上项目类别的建设项目，其环境影响评价类别按照其中单项等级最高的确定。

②建设内容不涉及主体工程的改建、扩建项目，其环境影响评价类别按照改建、扩建的工程内容确定。

（二）建设项目环境影响评价要求

1. 流程

建设项目的环境影响报告书、报告表，由建设单位按照国务院的规定报有审批权的生态环境主管部门审批。

2. 编制要求

建设单位可以委托技术单位对其建设项目开展环境影响评价，编制建设项目环境影响报告书、环境影响报告表；建设单位具备环境影响评价技术能力的，可以自行对其建设项目开展环境影响评价，编制建设项目环境影响报告书、环境影响报告表。

建设项目的环境影响报告书应当包括下列内容：

①建设项目概况；

②建设项目周围环境现状；

③建设项目对环境可能造成影响的分析、预测和评估；

④建设项目环境保护措施及其技术、经济论证；

⑤建设项目对环境影响的经济损益分析；

⑥对建设项目实施环境监测的建议；

⑦环境影响评价的结论。

3. 评价内容

按照《建设项目环境影响评价技术导则　总纲》及各个环境要素的评价导则，并结合行业的环境影响评价导则编制评价内容。

（1）环境影响识别与评价因子筛选

列出建设项目的直接和间接行为，结合建设项目所在区域的发展规划、环境保护规划、环境功能区划、生态功能区划及环境现状，分析可能受上述行为影响的环境影响因素。

根据建设项目的特点、环境影响的主要特征，结合区域环境功能要求、环境保护目标、评价标准和环境制约因素，筛选确定评价因子。

（2）环境影响评价等级的划分

按建设项目的特点、所在地区的环境特征、相关法律法规、标准及规划、环境功能区划等划分各环境要素、各专题评价工作等级。

（3）环境影响评价范围的确定

建设项目整体实施后可能对环境造成的影响范围，根据环境要素和专题环境影响评价技术导则的要求确定。

（4）工程分析

①建设项目概况。

包括主体工程、辅助工程、公用工程、环保工程、储运工程以及依托工程等。以污染影响为主的建设项目应明确项目组成、建设地点、原辅料、生产工艺、主要生产设备、产品（包括主产品和副产品）方案、平面布置、建设周期、总投资及环境保护投资等。以生态影响为主的建设项目应明确项目组成、建设地点、占地规模、总平面及现场布置、施工方式、施工时序、建设周期和运行方式、总投资及环境保护投资等。改建、扩建及异地搬迁建设项目还应包括现有工程的基本情况、污染物排放及达标情况、存在的环境保护问题及拟采取的整改方案等内容。

②影响因素分析。

污染影响因素分析：遵循清洁生产的理念，从工艺的环境友好性、工艺过程的主要产污节点以及末端治理措施的协同性等方面，选择可能对环境产生较大影响的主要因素进行深入分析。

生态影响因素分析：结合建设项目特点和区域环境特征，分析建设项目建设和运行过程（包括施工方式、施工时序、运行方式、调度调节方式等）对生态环境的作用因素与影响源、影响方式、影响范围和影响程度。重点为影响程度大、范围广、历时长或涉及环境敏感区的作用因素和影响源，关注间接性影响、区域性影响、长期性影响以及累积性影响等特有生态影响因素的分析。

污染源源强核算：根据污染物产生环节（包括生产、装卸、储存、运输）、产生方式和治理措施，核算建设项目有组织与无组织、正常工况与非正常工况下的污染物产生和排放强度，给出污染因子及其产生和排放的方式、浓度、数量等。

（5）环境现状调查与评价

根据环境影响因素识别结果，开展相应的现状调查与评价。

①自然环境现状调查与评价。

包括地形地貌、气候与气象、地质、水文、大气、地表水、地下水、声、生态、土壤、海洋、放射性及辐射（如必要）等调查内容。根据环境要素和专题设置情况选择相应内容进行详细调查。

②环境保护目标调查。

调查评价范围内的环境功能区划和主要的环境敏感区，详细了解环境保护目标的地理位置、服务功能、四至范围、保护对象和保护要求等。

③环境质量现状调查与评价。

根据建设项目特点、可能产生的环境影响和当地环境特征选择环境要素进行调查与评价。

评价区域环境质量现状。说明环境质量的变化趋势，分析区域存在的环境问题及产生的原因。

④区域污染源调查。

选择建设项目常规污染因子和特征污染因子、影响评价区环境质量的主要污染因子和特殊污染因子作为主要调查对象，注意不同污染源的分类调查。

（6）环境影响预测与评价

应重点预测建设项目生产运行阶段正常工况和非正常工况等情况的环境影响。

①当建设阶段的大气、地表水、地下水、噪声、振动、生态以及土壤等影响程度较重、影响时间较长时，应进行建设阶段的环境影响预测和评价。

②可根据工程特点、规模、环境敏感程度、影响特征等选择开展建设项目服务期满后的环境影响预测和评价。

③当建设项目排放污染物对环境存在累积影响时，应明确累积影响的影响源，分析项目实施可能发生累积影响的条件、方式和途径，预测项目实施在时间和空间上的累积环境影响。

④对以生态影响为主的建设项目，应预测生态系统组成和服务功能的变化趋势，重点分析项目建设和生产运行对环境保护目标的影响。

⑤对存在环境风险的建设项目，应分析环境风险源项，计算环境风险后果，开展环境风险评价。对存在较大潜在人群健康风险的建设项目，应分析人群主要暴露途径。

（7）环境保护措施及其可行性论证

①明确提出建设项目建设阶段、生产运行阶段和服务期满后（可根据项目情况选择）拟采取的具体污染防治、生态保护、环境风险防范等环境保护措施；分析论证拟采取措施的技术可行性、经济合理性、长期稳定运行和达标排放的可靠性、满足环境质量改善和排污许可要求的可行性、生态保护和恢复效果的可达性。

②环境质量不达标的区域，应采取国内外先进可行的环境保护措施，结合区域限期达标规划及实施情况，分析建设项目实施对区域环境质量改善目标的贡献和影响。

③给出各项污染防治、生态保护等环境保护措施和环境风险防范措施的具体内容、责任主体、实施时段，估算环境保护投入，明确资金来源。

④环境保护投入应包括为预防和减缓建设项目不利环境影响而采取的各项环境保护措施和设施的建设费用、运行维护费用，直接为建设项目服务的环境管理与监测费用以及相关科研费用。

（8）环境影响经济损益分析

以建设项目实施后的环境影响预测与环境质量现状进行比较，从环境影响的正负两方面，以定性与定量相结合的方式，对建设项目的环境影响后果（包括直接和间接影响、不利和有利影响）进行货币化经济损益核算，估算建设项目环境影响的经济价值。

（9）环境管理与监测计划

①按建设项目建设阶段、生产运行、服务期满后（可根据项目情况选择）等不同阶段，针对不同工况、不同环境影响和环境风险特征，提出具体环境管理要求。

②给出污染物排放清单，明确污染物排放的管理要求。包括工程组成及原辅材料组分要求，建设项目拟采取的环境保护措施及主要运行参数，排放的污染物种类、排放浓度和总量指标，污染物排放的分时段要求，排污口信息，执行的环

境标准，环境风险防范措施以及环境监测等。提出应向社会公开的信息内容。

③提出建立日常环境管理制度、组织机构和环境管理台账相关要求，明确各项环境保护设施和措施的建设、运行及维护费用保障计划。

④环境监测计划应包括污染源监测计划和环境质量监测计划，内容包括监测因子、监测网点布设、监测频次、监测数据采集与处理、采样分析方法等，明确自行监测计划内容。

（10）评价结论

对建设项目的建设概况、环境质量现状、污染物排放情况、主要环境影响、公众意见采纳情况、环境保护措施、环境影响经济损益分析、环境管理与监测计划等内容进行概括总结，结合环境质量目标要求，明确给出建设项目的环境影响可行性结论。

对存在重大环境制约因素、环境影响不可接受或环境风险不可控、环境保护措施经济技术不满足长期稳定达标及生态保护要求、区域环境问题突出且整治计划不落实或不能满足环境质量改善目标的建设项目，应提出环境影响不可行的结论。

附录2 建设项目竣工环境保护验收

（一）验收主体

编制环境影响报告书（表）的建设项目，由建设单位实施环境保护设施竣工验收。

（二）验收依据

①建设项目环境保护相关法律、法规、规章、标准和规范性文件；

②建设项目竣工环境保护验收技术规范；

③建设项目环境影响报告书（表）及审批部门审批决定。

（三）分类管理

建设项目竣工后，建设单位应当如实查验、监测、记载建设项目环境保护设施的建设和调试情况，编制验收监测（调查）报告。

以排放污染物为主的建设项目，参照《建设项目竣工环境保护验收技术指南 污染影响类》编制验收监测报告；主要对生态造成影响的建设项目，按照《建设项目竣工环境保护验收技术规范 生态影响类》编制验收调查报告；火力发电、石油炼制，可以通过合同形式约定。

水利水电、核与辐射等已发布行业验收技术规范的建设项目，按照该行业验收技术规范编制验收监测报告或者验收调查报告。

建设单位不具备编制验收监测（调查）报告能力的，可以委托有能力的技术机构编制。建设单位对受委托的技术机构编制的验收监测（调查）报告结论负责。

（四）验收流程

编制验收报告—成立验收小组—现场核查—验收报告审查—出具审查意见—形成验收报告—公示验收报告—登录全国建设项目竣工环境保护验收信息平台填报相关信息—整理验收材料，建立一套完整档案。

（五）验收调查报告内容

（1）环境敏感目标调查

调查评价范围内的环境敏感目标，调查其地理位置、规模、与工程的相对位置关系、所处环境功能区及保护内容等，并注明实际环境敏感目标与环境影响评价文件中的变化情况及变化原因。

（2）工程调查

①工程建设过程。

说明建设项目立项时间和审批部门，初步设计完成及批复时间，环境影响评价文件完成及审批时间，工程开工建设时间，环境保护设施设计单位、施工单位和工程环境监理单位，投入试运行时间等。

②工程概况。

明确建设项目所处的地理位置、项目组成、工程规模、工程量、主要经济或技术指标、主要生产工艺及流程、工程总投资与环境保护投资、工程运行状况等。工程建设过程中发生变更时，应重点说明其具体变更内容及有关情况。

（3）环保措施落实情况调查

①概括描述工程在设计、施工、运行阶段针对生态影响、污染影响和社会影响所采取的环境保护措施，并对环境影响评价文件及环境影响评价审批文件所提的各项环保措施的落实情况一一予以核实、说明。

②给出环境影响评价、设计和实际采取的生态保护和污染防治措施对照、变化情况，并对变化情况予以必要的说明；对无法全面落实的措施，应说明实际情况并提出后续实施、改进的建议。

（4）生态影响调查

①工程沿线生态状况，珍稀动植物和水生生物的种类、保护级别和分布状况、鱼类“三场”分布等。

②工程占地情况调查，包括临时占地、永久占地，说明占地位置、用途、类型、面积、取弃土量及生态恢复情况等。

③工程影响区域内水土流失现状、成因、类型，所采取的水土保持、绿化及措施的实施效果等。

④工程影响区域内自然保护区、风景名胜区、饮用水水源保护区、生态功能保护区、基本农田保护区、水土流失重点防治区、森林公园、地质公园、世界遗产地等生态敏感目标和人文景观的分布状况，明确其与工程影响范围的相对位置关系、保护区级别、保护物种及保护范围等。

⑤工程影响区域内植被类型、数量、覆盖率的变化情况。

⑥工程影响区域内不良地质地段分布状况及工程采取的防护措施。

⑦工程影响区域内水利设施、农业灌溉系统分布状况及工程采取的保护措施。

⑧建设项目建设及运行改变周围水系情况时，应做水文情势调查，必要时进行水生生态调查。

（5）水环境影响调查

①与本工程相关的国家与地方水污染控制的环境保护政策、规定和要求。

②水环境敏感目标及分布。

③建设项目各设施的用水情况、污水排放及处理情况。

④调查影响范围内地表水和地下水的分布、功能、使用情况及与本工程的关系。

⑤调查项目试运行期的水环境风险事故应急机制及设施落实情况。

⑥监测内容：一般可仅进行排放口达标监测，但石油和天然气开采、矿山采选等行业的建设项目必要时需进行废水处理设施的效率监测和地下水影响监测，水利水电、港口（航道）项目则应考虑水环境质量、底泥监测，必要时水利水电项目还需考虑水温、水文情势、过饱和气体等的监测。

（6）大气环境影响调查

①与本工程相关的国家与地方大气污染控制的环境保护政策、规定和要求。

②工程影响范围内大气环境敏感目标及分布，说明目标名称、位置、规模等。

③工程试运行以来的废气排放情况，说明废气产生源、排放量、排放特征等。

④监测内容：一般可仅考虑进行有组织排放源和无组织排放源监测，但石油和天然气开采、矿山采选、港口、航运等行业的建设项目必要时需进行废气处理设施效果监测；另外，在环境影响评价文件或环境影响评价审批文件中有特殊要求的情况下，或工程影响范围内有需特别保护的环境敏感目标，或有工程试运行期引起纠纷的环境敏感目标的情况下，需进行环境空气质量监测。

（7）声环境影响调查

①国家和地方与本工程相关的噪声污染防治的环境保护政策、规定和要求。

②调查工程所在区域环境影响评价和现状声环境功能区划。

③工程影响范围内声环境敏感目标的分布、与工程相对位置关系（包括方位、距离、高差）、规模、建设年代、受影响范围。

④工程试运行以来的噪声情况（源强种类、声场特征、声级范围等）。

⑤监测内容：公路、铁路、城市道路和轨道交通等工程应综合考虑不同路段车流量的差别、敏感目标与工程的相对位置关系（高差、距离、垂直分布等）、环境影响评价文件中监测点的预测结果，选择有代表性的典型点位进行环境质量监测（包括敏感目标监测、衰减断面监测、昼夜连续监测），并对已采取噪声防治措施的敏感目标进行降噪效果监测。

（8）环境振动影响调查

①调查国家和地方与本工程相关的振动污染防治的环境保护政策、规定和要求。

②调查振动敏感目标分布、与工程相对位置关系、规模、建设年代、受影响范围等。

③调查工程试运行以来的振动情况（源强种类、特征及影响范围等）。

④监测内容：铁路和轨道交通项目需在学校、医院、居民区、各类特殊保护区选择有代表性的点位进行环境振动监测。

（9）固体废物影响调查

①与本工程污染类固体废物处置相关的政策、规定和要求。

②核查工程建设期和试运行期产生的固体废物的种类、属性、主要来源及排放量，并将危险固体废物，清库、清淤废物列为调查重点。

③调查固体废物的处置方式，危险固体废物填埋区防渗措施应作为重点。

④监测内容：石油和天然气开采行业如果采用填埋方式处置危险固体废物和Ⅱ类一般固体废物，必要时需进行地下水监测。

（10）调查结论与建议

①总结建设项目对环境影响评价文件及环境影响评价审批文件要求的落实情况。

②重点概括说明工程建设投产后的主要环境问题及现有环境保护措施的有效性，在此基础上，对环境保护措施提出改进措施和建议。

③根据调查和分析的结果，客观、明确地从技术角度论证工程是否符合建设项目竣工环境保护验收条件，主要包括：

a. 建议通过竣工环境保护验收；

b. 限期整改后，建议通过竣工环境保护验收。

（六）验收监测报告内容

（1）建设项目概况

①环保手续履行情况。

主要包括环境影响报告书（表）及其审批部门审批决定，初步设计（环保篇）等文件，国家与地方生态环境部门对项目的督察、整改要求的落实情况，建设过程中的重大变动及相应手续的履行情况，是否按排污许可相关管理规定申领了排污许可证，是否按辐射安全许可管理办法申领了辐射安全许可证。

②项目建成情况。

对照环境影响报告书（表）及其审批部门审批决定等文件，自查项目建设性质、规模、地点，主要生产工艺、产品及产量、原辅材料消耗，项目主体工程、辅助工程、公用工程、储运工程和依托工程的内容及规模等情况。

（2）验收执行标准

①污染物排放标准。

建设项目竣工环境保护验收污染物排放标准原则上执行环境影响报告书（表）及其审批部门审批决定所规定的标准。在环境影响报告书（表）审批之后发布或修订的标准对建设项目执行该标准有明确时限要求的，按新发布或修订的标准执行。特别排放限值的实施地域范围、时间，按国务院生态环境主管部门或省级人民政府规定执行。

建设项目排放环境影响报告书（表）及其审批部门审批决定中未包括的污染物，执行相应的现行标准。

对国家和地方标准以及环境影响报告书（表）审批决定中尚无规定的特征污染因子，可按照环境影响报告书（表）和工程《初步设计》（环保篇）等的设计指标进行参照评价。

②环境质量标准。

建设项目竣工环境保护验收期间的环境质量评价执行现行有效的环境质量标准。

③环境保护设施处理效率。

环境保护设施处理效率按照相关标准、规范、环境影响报告书（表）及其审批部门审批决定的相关要求进行评价，也可参照工程《初步设计》（环保篇）中的要求或设计指标进行评价。

（3）监测内容

①环境保护设施处理效率监测。

各种废水处理设施的处理效率；各种废气处理设施的去除效率；固（液）体废物处理设备的处理效率和综合利用率等；用于处理其他污染物的处理设施的处理效率；辐射防护设施屏蔽能力及效果。

若不具备监测条件，无法进行环保设施处理效率监测的，需在验收监测报告（表）中说明具体情况及原因。

②污染物排放监测。

a. 排放到环境中的废水，以及环境影响报告书（表）及其审批部门审批决定中有回用或间接排放要求的废水；

b. 排放到环境中的各种废气，包括有组织排放和无组织排放；

c. 产生的各种有毒有害固（液）体废物，需要进行危险废物鉴别的，按照相关危险废物鉴别技术规范和标准执行；

d. 厂界环境噪声；

e. 环境影响报告书（表）及其审批部门审批决定、排污许可证规定的总量控制污染物的排放总量；

③环境质量影响监测。

环境质量影响监测主要针对环境影响报告书（表）及其审批部门审批决定中关注的环境敏感保护目标的环境质量，包括地表水、地下水和海水、环境空气、声环境、土壤环境、辐射环境质量等的监测。

附录 3 排污许可证的申领

（一）执行范围

纳入固定污染源排污许可分类管理名录的企业事业单位和其他生产经营者应当按照规定的时限申请并取得排污许可证；未纳入固定污染源排污许可分类管理名录的排污单位，暂不需申请排污许可证。

（二）排污许可管理要求

①排污单位应当依法持有排污许可证，并按照排污许可证的规定排放污染物。应当取得排污许可证而未取得的，不得排放污染物。

②对污染物产生量大、排放量大或者环境危害程度高的排污单位实行排污许可重点管理，对其他排污单位实行排污许可简化管理。

③同一法人单位或者其他组织所属、位于不同生产经营场所的排污单位，应当以其所属的法人单位或者其他组织的名义，分别向生产经营场所所在地有核发权的生态环境主管部门申请排污许可证。

生产经营场所和排放口分别位于不同行政区域时，生产经营场所所在地核发生态环境主管部门负责核发排污许可证，并应当在核发前，征求其排放口所在地同级生态环境主管部门的意见。

④排污单位应当按照排污许可证规定，安装或者使用符合国家有关环境监测、计量认证规定的监测设备，按照规定维护监测设施，开展自行监测，保存原始监测记录。

实施排污许可重点管理的排污单位，应当按照排污许可证规定安装自动监测设备，并与生态环境主管部门的监控设备联网。

⑤排污单位应当按照排污许可证中关于台账记录的要求，根据生产特点和污染物排放特点，按照排污口或者无组织排放源进行记录。记录主要包括以下内容：

a. 与污染物排放相关的主要生产设施运行情况；发生异常情况的，应当记录原因和采取的措施；

b. 污染防治设施运行情况及管理信息；发生异常情况的，应当记录原因和采取的措施；

c. 污染物实际排放浓度和排放量；发生超标排放情况的，应当记录超标原因和采取的措施；

d. 其他按照相关技术规范应当记录的信息。

台账记录保存期限不少于三年。

⑥污染物实际排放量按照排污许可证规定的废气、污水的排污口、生产设施或者车间分别计算，依照下列方法和顺序计算：

a. 依法安装使用了符合国家规定和监测规范的污染物自动监测设备的，按照污染物自动监测数据计算；

b. 依法不需安装污染物自动监测设备的，按照符合国家规定和监测规范的污染物手工监测数据计算；

c. 不能按照本条 a、b 两项规定的方法计算的，包括依法应当安装而未安装污染物自动监测设备或者自动监测设备不符合规定的，按照生态环境主管部门规定的产排污系数、物料衡算方法计算。

⑦排污单位应当按照排污许可证规定的关于执行报告内容和频次的要求，编制排污许可证执行报告。

⑧排污单位应当对提交的台账记录、监测数据和执行报告的真实性、完整性负责，依法接受生态环境主管部门的监督检查。

（三）排污许可证的内容

①排污许可证由正本和副本构成，正本载明基本信息，副本包括基本信息、登记事项、许可事项、承诺书等内容。

设区的市级以上地方生态环境主管部门可以根据环境保护地方性法规，增加需要在排污许可证中载明的内容。

②以下基本信息应当同时在排污许可证正本和副本中载明：

a. 主要生产设施、主要产品及产能、主要原辅材料等；

b. 产排污环节、污染防治设施等；

c. 环境影响评价审批意见、依法分解落实到本单位的重点污染物排放总量控制指标、排污权有偿使用和交易记录等。

③下列许可事项由排污单位申请，经核发生态环境主管部门审核后，在排污许可证副本中进行规定：

a. 排放口位置和数量、污染物排放方式和排放去向等，大气污染物无组织排放源的位置和数量；

b. 排放口和无组织排放源排放污染物的种类、许可排放浓度、许可排放量；

c. 取得排污许可证后应当遵守的环境管理要求；

d. 法律法规规定的其他许可事项。

④核发生态环境主管部门应当根据国家和地方污染物排放标准，确定排污单位排放口或者无组织排放源相应污染物的许可排放浓度。

排污单位承诺执行更加严格的排放浓度的，应当在排污许可证副本中规定。

⑤核发生态环境主管部门按照排污许可证申请与核发技术规范规定的行业重点污染物允许排放量核算方法，以及环境质量改善的要求，确定排污单位的许可排放量。

⑥下列环境管理要求由核发生态环境主管部门根据排污单位的申请材料、相关技术规范和监管需要，在排污许可证副本中进行规定：

a. 污染防治设施运行和维护、无组织排放控制等要求；

b. 自行监测要求、台账记录要求、执行报告内容和频次等要求；

c. 排污单位信息公开要求；

d. 法律法规规定的其他事项。

⑦排污单位在申请排污许可证时，应当按照自行监测技术指南，编制自行监测方案。自行监测方案应当包括以下内容：

a. 监测点位及示意图、监测指标、监测频次；

b. 使用的监测分析方法、采样方法；

c. 监测质量保证与质量控制要求；

d. 监测数据记录、整理、存档要求等。

⑧排污单位在填报排污许可证申请时，应当承诺排污许可证申请材料是完整、真实和合法的；承诺按照排污许可证的规定排放污染物，落实排污许可证规定的环境管理要求，并由法定代表人或者主要负责人签字或者盖章。

⑨排污许可证自作出许可决定之日起生效。首次发放的排污许可证有效期为三年，延续换发的排污许可证有效期为五年。

对列入国务院经济综合宏观调控部门会同国务院有关部门发布的产业政策目录中计划淘汰的落后工艺装备或者落后产品，排污许可证有效期不得超过计划淘汰期限。

（四）排污许可证的申请

①在固定污染源排污许可分类管理名录规定的时限前已经建成并实际排污的排污单位，应当在名录规定时限申请排污许可证；在名录规定的时限后建成的排污单位，应当在启动生产设施或者实际排污之前申请排污许可证。

②实行重点管理的排污单位在提交排污许可申请材料前，应当将承诺书、基本信息以及拟申请的许可事项向社会公开。公开途径应当选择包括全国排污许可证管理信息平台等便于公众知晓的方式，公开时间不得少于五个工作日。

③排污单位应当在全国排污许可证管理信息平台上填报并提交排污许可证申请，同时向核发生态环境主管部门提交通过全国排污许可证管理信息平台印制的书面申请材料。

申请材料应当包括：

a. 排污许可证申请表，主要内容包括排污单位基本信息，主要生产设施、主要产品及产能、主要原辅材料，废气、废水等产排污环节和污染防治设施，申请的排放口位置和数量、排放方式、排放去向，按照排放口和生产设施或者车间申请的排放污染物种类、排放浓度和排放量，执行的排放标准；

b. 自行监测方案；

c. 由排污单位法定代表人或者主要负责人签字或者盖章的承诺书；

d. 排污单位有关排污口规范化的情况说明；

e. 建设项目环境影响评价文件审批文号，或者按照有关国家规定经地方人民政府依法处理、整顿规范并符合要求的相关证明材料；

f. 排污许可证申请前信息公开情况说明表；

g. 污水集中处理设施的经营管理单位还应当提供纳污范围、纳污排污单位名单、管网布置、最终排放去向等材料；

h. 排污许可管理办法（试行）实施后的新建、改建、扩建项目排污单位存在通过污染物排放等量或者减量替代削减获得重点污染物排放总量控制指标情况的，且出让重点污染物排放总量控制指标的排污单位已经取得排污许可证的，应当提供出让重点污染物排放总量控制指标的排污单位的排污许可证完成变更的相关材料；

i. 法律法规规章规定的其他材料。

主要生产设施、主要产品产能等登记事项中涉及商业秘密的，排污单位应当进行标注。

（五）排污许可证执行报告

排污许可证执行报告包括年度执行报告、季度执行报告和月执行报告。

排污单位应当每年在全国排污许可证管理信息平台上填报、提交排污许可证年度执行报告并公开，同时向核发生态环境主管部门提交通过全国排污许可证管理信息平台印制的书面执行报告。书面执行报告应当由法定代表人或者主要负责人签字或者盖章。

①季度执行报告和月执行报告至少应当包括以下内容：

a. 根据自行监测结果说明污染物实际排放浓度和排放量及达标判定分析；

b. 排污单位超标排放或者污染防治设施异常情况的说明。

②年度执行报告可以替代季度或者当月的执行报告，并增加以下内容：

a. 排污单位基本生产信息；

b. 污染防治设施运行情况；

c. 自行监测执行情况；

d. 环境管理台账记录执行情况；

e. 信息公开情况；

f. 排污单位内部环境管理体系建设与运行情况；

g. 其他排污许可证规定的内容执行情况等。

建设项目竣工环境保护验收报告中与污染物排放相关的主要内容，应当由排污单位记载在该项目验收完成当年排污许可证年度执行报告中。

排污单位发生污染事故排放时，应当依照相关法律法规、规章的规定及时报告。

附录 4　环境保护税

（一）环境保护税征收范围

①在中华人民共和国领域和中华人民共和国管辖的其他海域，直接向环境排放应税污染物的企业事业单位和其他生产经营者为环境保护税的纳税人，应当缴纳环境保护税。

②有下列情形之一的，不属于直接向环境排放污染物，不缴纳相应污染物的环境保护税：

a. 企业事业单位和其他生产经营者向依法设立的污水集中处理、生活垃圾集中处理场所排放应税污染物的；

b. 企业事业单位和其他生产经营者在符合国家和地方环境保护标准的设施、场所贮存或者处置固体废物的。

（二）计税依据

应税污染物的计税依据，按照下列方法确定：

①应税大气污染物按照污染物排放量折合的污染当量数确定；

②应税水污染物按照污染物排放量折合的污染当量数确定；

③应税固体废物按照固体废物的排放量确定；

④应税噪声按照超过国家规定标准的分贝数确定。

每一排放口或者没有排放口的应税大气污染物，按照污染当量数从大到小排序，对前三项污染物征收环境保护税。

每一排放口的应税水污染物，按照本法所附《应税污染物和当量值表》，区分第一类水污染物和其他类水污染物，按照污染当量数从大到小排序，对第一类水污染物按照前五项征收环境保护税，对其他类水污染物按照前三项征收环境保护税。

（三）应纳税额

应税大气污染物、水污染物、固体废物的排放量和噪声的分贝数，按照下列方法和顺序计算：

①纳税人安装使用符合国家规定和监测规范的污染物自动监测设备的，按照

污染物自动监测数据计算；

②纳税人未安装使用污染物自动监测设备的，按照监测机构出具的符合国家有关规定和监测规范的监测数据计算；

③因排放污染物种类多等原因不具备监测条件的，按照国务院生态环境主管部门规定的排污系数、物料衡算方法计算；

④不能按照本条第一项至第三项规定的方法计算的，按照省、自治区、直辖市人民政府生态环境主管部门规定的抽样测算的方法核定计算。

环境保护税应纳税额按照下列方法计算：

①应税大气污染物的应纳税额为污染当量数乘以具体适用税额；

②应税水污染物的应纳税额为污染当量数乘以具体适用税额；

③应税固体废物的应纳税额为固体废物排放量乘以具体适用税额；

④应税噪声的应纳税额为超过国家规定标准的分贝数对应的具体适用税额。

纳税人排放应税大气污染物或者水污染物的浓度值低于国家和地方规定的污染物排放标准30%的，减按75%征收环境保护税。纳税人排放应税大气污染物或者水污染物的浓度值低于国家和地方规定的污染物排放标准50%的，减按50%征收环境保护税。

（四）纳税管理

①环境保护税按月计算，按季申报缴纳。不能按固定期限计算缴纳的，可以按次申报缴纳。

②纳税人申报缴纳时，应当向税务机关报送所排放应税污染物的种类、数量，大气污染物、水污染物的浓度值，以及税务机关根据实际需要要求纳税人报送的其他纳税资料。

③纳税人按季申报缴纳的，应当自季度终了之日起十五日内，向税务机关办理纳税申报并缴纳税款。纳税人按次申报缴纳的，应当自纳税义务发生之日起十五日内，向税务机关办理纳税申报并缴纳税款。

④纳税人应当依法如实办理纳税申报，对申报的真实性和完整性承担责任。

附录 5　清洁生产审核

（一）审核范围

清洁生产审核分为强制性审核和自愿性审核。以下企业应当实施强制性清洁生产审核：

①污染物排放超过国家或者地方规定的排放标准，或者虽未超过国家或者地方规定的排放标准，但超过重点污染物排放总量控制指标的；

②超过单位产品能源消耗限额标准构成高耗能的；

③使用有毒有害原料进行生产或者在生产中排放有毒有害物质的。

其中有毒有害原料或物质包括以下几类：

a. 危险废物。包括列入《国家危险废物名录》的危险废物，以及根据国家规定的危险废物鉴别标准和鉴别方法认定的具有危险特性的废物。

b. 剧毒化学品、列入《重点环境管理危险化学品目录》的化学品，以及含有上述化学品的物质。

c. 含有铅、汞、镉、铬等重金属和类金属砷的物质。

d.《关于持久性有机污染物的斯德哥尔摩公约》附件所列物质。

e. 其他具有毒性、可能污染环境的物质。

（二）清洁生产审核流程

包含 7 个阶段，35 个步骤。

1. 筹划和组织阶段

此阶段关键是得到企业高层领导的支持和参与，组建清洁生产审核小组，制定审核工作计划和宣传清洁生产思想。筹划和组织阶段的详细内容如下：

（1）领导支持

①宣讲效益：经济效益、环境效益、无形资产、技术进步。

②阐明投入：管理人员、技术人员和操作工人必要的时间投入；监测设备和监测费用的必要投入；编制审核报告的费用，以及可能聘用外部专家的费用。

（2）组建审核小组

①成立清洁生产审核领导小组：组长由公司总经理担任，副组长由分管副总经理担任，成员由技术、工艺、环保管理、财务、生产等部门及生产车间负责人

组成。主要职责是确定企业当前清洁生产审核重点，组建并检查审核工作小组的工作情况，对清洁生产实际工作作出必要的决策，对所需费用作出裁决。

②成立清洁生产审核工作小组：组长由分管副总经理担任，副组长由管理部门、技术部门、生产部门负责人担任，成员由管理、技术、环保、工艺、财务、采购及生产车间的相关人员组成。主要职责是根据领导小组确定的审核重点，制订审核计划，根据计划组织相关部门进行工作。

（3）制订工作计划

审核小组成立后，要及时编制审核工作计划表，包括各阶段的工作内容、完成时间、责任部门及负责人、考核部门及人员、产出等。

（4）开展宣传教育

①目的：使企业全体员工了解清洁生产的概念和实施清洁生产的意义和作用，澄清模糊认识，克服可能存在的各种思想障碍，自觉参与清洁生产工作。

②宣传教育分三个层面，即厂级、部门级、班组级宣传培训。在开展清洁生产初始以厂级培训为主，一般通过上大课、开培训班等形式进行。部门级培训一般在启动清洁生产审核后，部门根据企业总体推进计划，制订宣传计划并根据工作开展情况实施。班组级宣传培训主要集中在生产班组进行。

③宣传的方式：利用企业的各种例会、广播、板报、电视录像、下达文件、组织学习、举办培训班、印发简报、开展群众性征文、提合理化建议活动等形式，进行清洁生产概念和实施清洁生产的意义和作用的宣传教育活动，澄清模糊认识。

④宣传内容：清洁生产及清洁生产审核的概念；实施清洁生产的意义和作用；清洁生产审核工作的内容与要求；本企业鼓励清洁生产审核的各种措施；本企业各部门已取得的审核效果及具体做法。

⑤操作要点：宣传要制订宣传计划；以例会、班组会形式进行宣传的，要有会议记录；对清洁生产的相关知识、清洁生产审核工作进展情况要以简报的形式发至有关领导、科室、车间等。

2. 预评估阶段

预评估，是从生产全过程出发，对企业现状进行调研和考察，摸清污染现状和产污重点并通过定性比较或定量分析，确定审核重点。工作重点是评价企业的产污排污状况，确定审核重点，并针对审核重点设置清洁生产目标。

①组织现状调研（企业概况、环保状况、生产状况、管理状况等）。该步骤

由生产、环保、管理等部门收集相关资料，进行现状调研。

②进行现场考察（生产过程、污染、能耗重点环节、部位）。该步骤由生产、环保、管理等部门组织相关人员进行现场考察，发现生产中的问题。

③评价产污排污状况（产污和排污现状分析、类比评价）。该步骤由环保、技术等部门对本企业的产污原因进行初步分析并作出评价。

④确定审核重点（应用现状调查结论，分析确定审核重点）。该步骤由审核领导小组根据所获取的信息，列出企业的主要问题，从中选出若干问题或环节作为备选审核重点。

⑤设置清洁生产目标（针对审核重点，设置清洁生产目标）。

审核重点确定后，由审核领导小组制定明确的清洁生产目标，即审核重点，实行清洁生产后要达到的要求。

a. 设置目标的类型。

近期目标：指本轮清洁生产审核需达到的目标，包括环保目标和能耗、水耗、物耗、经济效益等方面的目标。

中长期目标：指持续清洁生产，不断进行完善或进行重大技术改造、设备更新后所达到的水平和能力。中长期目标的时间一般为 2～3 年。

b. 设置目标的原则：先进性；可操作性；符合国家产业政策和环保要求；经济效益明显。

c. 应考虑的因素：环境管理要求和产业政策要求；企业生产技术水平和设备能力；国内外类似规模的厂家水平；本企业历史最高水平；企业资金状况。

⑥提出和实施无 / 低费方案（贯彻边审核边实施的原则）。

无 / 低费方案是指不需或较少投资即可使问题得以解决的方案。该步骤可由管理、生产部门牵头，相关部门配合，通过座谈、咨询、现场察看、发放清洁生产建议表等方式，广泛发动职工针对各自的工作岗位提出无 / 低费方案，具体可围绕以下方面进行：

a. 原辅材料和能源方面。常见的无 / 低费方案有：不宜订购过多原料，特别是一些会损坏、易失效或难以储存的原料；对原料的进料、仓储、出料进行计量管理，堵塞各种漏洞和损失；对进厂的原料进行检验，对供货进行质量控制。

b. 技术工艺方面。常见的无 / 低费方案有：增添必要的仪器、仪表和自动检测指示装置，提高生产工艺的自动化水平；对生产工艺进行局部调整；调整辅助剂、添加剂的投入等。

c. 设备方面。常见的无/低费方案有：改进并加强设备定期检查和维护，减少“跑冒滴漏”；及时修补、完善输热和输气管道的隔热保温。

d. 过程控制方面。常见的无/低费方案有：选择在最佳配料比下进行生产；增加和校准检测计量仪表；改善过程控制及在线监控；调整优化反应的参数，如温度、压力等。

e. 产品方面。常见的无/低费方案有：改进包装及其标志或说明；加强库存管理；包装材料便于回收利用或处理、处置。

f. 产生废弃物方面。常见的无/低费方案有：对液体废弃物采取沉淀、过滤后进行收集的措施；对固体废物采取清洗、挑选后回收的措施；对蒸汽采取冷凝回收的措施。

g. 管理状况。常见的无/低费方案有：清洁作业，避免杂乱无章；减少物料流失并及时收集；严格岗位责任制及操作规程。

h. 员工素质方面。常见的无/低费方案有：加强员工技术与环境意识的培训；采用各种形式的精神与物质激励措施。

3. 评估阶段

建立审核重点物料平衡，进行废物产生原因分析。本阶段的工作重点是实测输入/输出物流，建立物料平衡，分析废物产生原因。

①准备审核重点资料（收集资料，编制工艺、设备流程图）。该步骤由生产、环保、管理等部门收集已确定审核重点的相关资料，力求资料齐全。

②实测输入/输出物料（实测、汇总数据）。该步骤由生产部门按照审核工作小组提出的要求，实测输入、输出物料，依标准采集数据，环保计量部门配合。

实测时间和周期：对周期性（间歇）生产的企业，按正常一个生产周期（即一次配料由投入到产品产出为一个生产周期）进行逐个工序的实测，而且至少实测三个周期。对于连续性生产的企业，应连续（跟班）监测 72 小时。

③建立物料平衡（测算与编制物料平衡图）。该步骤由生产部门按照实测的数据编制物料平衡图（物料平衡图、水平衡图）。

④分析废物产生原因（针对审核重点分析废物产生原因）。审核工作小组组织环保、生产、技术、工艺等部门分析废弃物产生原因，提出解决办法。

一般从以下方面分析废物产生原因：

a. 原辅材料和能源（纯度、储运、投入量、超定额、有毒有害、清洁能源等）；

b. 技术工艺（转化率、设备布置、转化步骤、稳定性、需使用对环境有害的物料等）；

c. 设备（破、漏、自动化水平、设备间配置、维护保养、设备功能与工艺匹配等）；

d. 过程控制（计量检测分析仪表、工艺参数、控制水平）；

e. 产品（储运破漏、转化率、包装）；

f. 废弃物（废弃物循环与再利用、物化性状与处理、单位产品废物产生量与国内外先进水平）；

g. 管理（管理制度与执行、满足清洁生产需要）；

h. 员工（素质与生产需求、缺乏激励机制）。

⑤提出和实施无 / 低费方案（针对审核重点）。由审核工作小组提出方案，生产部门具体实施。

4. 方案产生和筛选阶段

针对废物产生原因，提出方案并筛选。本阶段的工作目的是通过方案的产生、筛选、研制，为下一阶段的可行性分析提供足够的中 / 高费清洁生产方案。

①产生方案（广泛发动群众征集，全员参与，保质保量）。由审核工作小组组织全员征集，工程技术人员参与，专家组参与、指导。

a. 征集方式：召开车间工人、管理人员和有关职能部门参加的专题会议，广开言路、集思广益；设立合理化建议箱，收集单位和个人意见。

b. 方案基本类型：加强管理；原辅材料改变与能源替代；改进工艺技术；优化生产过程控制；废弃物回收利用和循环使用；员工激励及素质提高；设备维护与更新；产品更新与改进。

②分类汇总方案（对所有方案按 8 个方面列表简述与预估）。由审核工作小组按可行的方案、暂不可行的方案、不可行的方案进行分类汇总。

③筛选方案（初步筛选或权重总和计分排序筛选与汇总）。由审核工作小组组织环保、技术、工艺、生产等部门对方案进行筛选，筛选出 3～5 个中 / 高费方案。

④研制方案（进行工程化分析，提供 2 个以上方案供可研）。由生产、技术、工艺等部门对方案进行研制，供下一阶段做可行性分析。

⑤继续实施无 / 低费方案（实施经筛定的可行无 / 低费方案）。

⑥核定并汇总无 / 低费方案实施效果（阶段性成果汇总分析）。

对已实施的无 / 低费方案（包括预评估、评估阶段已实施的）进行汇总。汇总的内容包括方案序号、名称、实施时间、投资、运行费、实施要求、实施后可能对生产状况的影响，经济效益和环境效果。

⑦编写清洁生产中期审核报告（阶段性工作成果总结分析）。

5. 可行性分析阶段

对所筛选的中 / 高费方案进行可研分析与推荐。本阶段的工作重点是，在结合市场调查和收集一定资料的基础上，进行方案的技术、环境、经济的可行性分析和比较，从中选择和推荐最佳的可行方案。

①进行市场调查（涉及产品结构调整、新的产品、原料产生时进行）。组织人员了解市场需求、预测市场动态，向专家咨询，工艺技术人员进行测算，确定方案。

②进行技术评估（工艺路线、技术设备、技术成熟度等）。由技术部门提供查新检索资料，对方案的先进性、实用性、可操作性进行技术评估。

③进行环境评估（资源消耗、环境影响及废物综合利用等）。由生态环境、节能等部门提供相关资料，对方案的废弃物数量、回收利用、可降解性、毒性、有无二次污染等情况进行环境评估。

④进行经济评估（现金流量分析和财务动态获利性分析）。由财务部门提供损益表、负债表，对方案的投资偿还期、净现值、净现值率、内部收益率进行经济评估。

⑤推荐可实施方案（确定最佳可行的推荐方案）。组织专家和技术人员按照技术先进实用、经济合理有利、保护环境的要求，对方案进行评审，确定清洁生产方案。

最佳的可行方案是指该项投资方案在技术上先进适用、在经济上合理有利，又能保护环境的最优方案。

6. 方案实施阶段

实施方案，并分析、验证方案的实施效果。本阶段工作重点是总结前几个审核阶段已实施的清洁生产方案的成果，统筹规划推荐方案的实施。

①组织方案实施（统筹规划、筹措资金、实施方案）；

②汇总已实施的无 / 低费方案的成果（经济效益、环境效益）；

③验证已实施的中 / 高费方案的成果（经济效益、环境效益和综合评价）；

④分析总结已实施方案对组织的影响（实施成效对比宣传）。

7. 持续清洁生产阶段

制订计划、措施持续推行和编写报告。本阶段的工作重点是：建立推行和管理清洁生产工作的组织机构、建立促进实施清洁生产的管理制度、制定持续清洁生产计划以及编写清洁生产审核报告。

①建立和完善清洁生产组织（任务、归属与专人负责）；

②建立和完善清洁生产管理制度（管理、激励与资金）；

③制订持续清洁生产计划（工作、实施、研发与培训）；

④编写清洁生产审核报告（全面工作成果总结分析）。

附录 6 环境影响后评价

（一）责任主体

建设单位或者生产经营单位负责组织开展环境影响后评价工作，编制环境影响后评价文件，并对环境影响后评价结论负责。

建设单位或者生产经营单位可以委托环境影响评价机构、工程设计单位、大专院校和相关评估机构等编制环境影响后评价文件。编制建设项目环境影响报告书的环境影响评价机构，原则上不得承担该建设项目环境影响后评价文件的编制工作。

建设单位或者生产经营单位应当将环境影响后评价文件报原审批环境影响报告书的生态环境主管部门备案，并接受环境保护主管部门的监督检查。

（二）开展时限

①建设项目环境影响后评价应当在建设项目正式投入生产或者运营后三至五年内开展。原审批环境影响报告书的生态环境主管部门也可以根据建设项目的环境影响和环境要素变化特征，确定开展环境影响后评价的时限。

②建设单位或者生产经营单位可以对单个建设项目进行环境影响后评价，也可以对在同一行政区域、流域内存在叠加、累积环境影响的多个建设项目开展环境影响后评价。

（三）编制内容

①建设项目过程回顾。包括环境影响评价、环境保护措施落实、环境保护设施竣工验收、环境监测情况，以及公众意见收集调查情况等。

②建设项目工程评价。包括项目地点、规模、生产工艺或者运行调度方式，环境污染或者生态影响的来源、影响方式、程度和范围等。

③区域环境变化评价。包括建设项目周围区域环境敏感目标变化、污染源或者其他影响源变化、环境质量现状和变化趋势分析等。

④环境保护措施有效性评估。包括环境影响报告书规定的污染防治、生态保护和风险防范措施是否适用、有效，能否达到国家或者地方相关法律、法规、标准的要求等。

⑤环境影响预测验证。包括主要环境要素的预测影响与实际影响差异，原环境影响报告书内容和结论有无重大漏项或者明显错误，持久性、累积性和不确定性环境影响的表现等。

⑥环境保护补救方案和改进措施。

⑦环境影响后评价结论。

附录 7　绿色工厂的申报

依据《绿色工厂评价通则》，从基本要求、基础设施、管理体系、能源资源投入、产品、环境排放、绩效等方面，按照“厂房集约化、原料无害化、生产洁净化、废物资源化、能源低碳化”的原则，建立绿色工厂系统评价指标体系，为企业提供绿色工厂报告的编制工作。

（一）申报依据

①各地区《绿色制造体系建设实施方案》中绿色工厂创建工作内容和本地区绿色工厂评价要求及评分标准。

②《绿色工厂评价通则》（GB/T 36132—2018）以及各行业绿色工厂评价导则标准。

③绿色工厂试点示范项目评价工作按行业进行，工厂所属行业依据《国民经济行业分类》（GB/T 4754—2017）分类。

（二）绿色工厂指标体系

①基础要求。

a. 工厂应设有绿色工厂管理机构，负责有关绿色工厂的制度建设、实施、考核及奖励工作，建立目标责任制；

b. 工厂应有开展绿色工厂的中长期规划及年度目标、指标和实施方案。可行时，指标应明确且可量化；

c. 应传播绿色制造的概念和知识，定期为员工提供绿色制造相关知识的教育、培训，并对教育和培训的结果进行考评。

②基础设施。

建筑：工厂的建筑应满足国家或地方相关法律法规及标准的要求，并从建筑材料、建筑结构、采光照明、绿化及场地、再生资源及能源利用等方面进行建筑的节材、节能、节水、节地、无害化及再生能源利用。

照明：工厂厂区及各房间或场所的照明应尽量利用自然光；不同场所的照明应分级设计；公共场所的照明应采取分区、分组与定时自动调光等措施。

专用设备：专用设备应符合产业准入要求，降低能源与资源消耗，减少污染物排放。

通用设备：通用设备应采用效率高、能耗低、水耗低、物耗低的产品；通用设备或其系统的实际运行效率或主要运行参数应符合该设备经济运行的要求。

计量设备：工厂应依据《用能单位能源计量器具配备和管理通则》（GB 17167—2006）、《用水单位水计量器具配备和管理通则》（GB 24789—2009）等要求配备、使用和管理能源、水以及其他资源的计量器具和装置。能源及资源使用的类型不同时，应进行分类计量。

污染物处理设备设施：工厂应投入适宜的污染物处理设备，以确保其污染物排放达到相关法律法规及标准要求，污染物处理设备的处理能力应与工厂生产排放相适应，设备应满足通用设备节能方面的要求。

③管理体系。

环境管理体系：工厂应建立、实施并保持环境管理体系。工厂的环境管理体系应满足《环境管理体系要求及使用指南》（GB/T 24001—2016）的要求。

能源管理体系：工厂应建立、实施并保持能源管理体系。工厂的能源管理体系应满足《能源管理体系要求及使用指南》（GB/T 23331—2019）的要求。

④能源与资源投入。

能源投入：工厂应优化用能结构，在保证安全、质量的前提下减少不可再生能源投入，宜使用可再生能源替代不可再生能源，充分利用余热余压等。

资源投入：工厂应按照《节水型企业评价导则》（GB/T 7119—2006）的要求对其开展节水评价工作，且满足 GB/T 18916 中对应本行业的取水定额要求；工厂应减少材料，尤其是有害物质的使用，评估有害物质及化学品减量使用或替代的可行性，宜使用回收料、可回收材料替代原生材料、不可回收材料，宜替代或减少全球增温潜势较高温室气体的使用，工厂应按照《工业企业节约原材料评价导则》（GB/T 29115—2012）的要求对其原材料使用量的减少进行评价。

⑤产品。

生态设计：工厂宜按照《产品生态设计通则》（GB/T 24256—2009）对生产的产品进行生态设计，并按照《生态设计产品评价通则》（GB/T 32161—2015）对生产的产品进行生态设计产品评价。

节能：工厂生产的产品若为用能产品或在使用过程中对最终产品 / 构造的能耗有影响的产品，应满足相关标准的限定值要求，并努力达到更高能效等级。

减碳：工厂宜采用适用的标准或规范对产品进行碳足迹核算或核查，核查结果宜对外公布，并利用核算或核查结果对其产品的碳足迹进行改善。产品宜满足相关低碳产品要求。

可回收利用率：工厂宜按照《产品可回收利用率计算方法导则》（GB/T 20862—2007）的要求计算其产品的可回收利用率，并利用计算结果对产品的可回收利用率进行改善。

⑥环境排放。

工厂的大气污染物排放应符合相关国家标准、行业标准及地方标准要求，并满足区域内排放总量控制要求。

工厂的水体污染物排放应符合相关国家标准、行业标准及地方标准要求，或在满足要求的前提下委托具备相应能力和资质的处理厂进行处理，并满足区域内排放总量控制要求。

工厂产生的固体废物的处理应符合《一般工业固体废物贮存和填埋污染控制标准》（GB 18599—2020）及相关标准的要求。工厂无法自行处理的，应将固体废物转交给具备相应能力和资质的处理厂进行处理。

工厂的厂界环境噪声排放应符合国家标准、行业标准及地方标准要求；

工厂应采用《工业企业温室气体排放核算和报告通则》（GB/T 32150—2015）或适用的标准或规范对其厂界范围内的温室气体排放进行核算和报告，宜进行核查，核查结果对外公布。工厂应利用核算或核查报告对其温室气体的排放进行改善。

⑦评价总体要求。

开展绿色工厂评价，宜根据各行业或地方的不同特点制定评价导则，并应制定相应的具体评价方案。评价方案应至少包括基本要求以及基础设施、管理体系、能源与资源投入、产品、环境排放、绩效等 6 个方面，根据各方面对资源与环境影响的程度和敏感性给出相应的评分标准及权重，按照行业或地方能够达到的先进水平确定综合评价标准和要求。必选要求为要求工厂应达到的基础性要求，必选要求不达标不能评价为绿色工厂。可选要求为希望工厂努力达到的提高性要求，可选要求应具有先进性。

附录 8 绿色矿山的申请

矿山开采企业可申请“绿色矿山”的称号，依据《绿色矿山评价指标》，从矿区环境、资源开发方式、资源综合利用、节能减排、科技创新与智能矿山、企业管理与企业形象等 6 个方面，建立绿色矿山评价指标体系，编制绿色矿山的申请报告。

（一）申报条件

①《营业执照》《采矿许可证》《安全许可证》证照合法有效；

②近三年内（自本次遴选通知下发之日起前三年），未受到自然资源和生态环境等部门行政处罚，或处罚已整改到位（相关管理部门出具证明），且未发生过重大安全、环保事故；

③矿山参加遴选期间，矿业权人应进行矿业权人勘查开采信息公示，且未被列入矿业权人勘查开采信息公示系统异常名录；

④矿山正常运营，且剩余储量可采年限（按储量年度报告）不少于三年；

⑤矿区范围未涉及各类自然保护地。

（二）绿色矿山的评价指标体系

①矿区环境。

矿区容貌：包含功能分区、生产配套设施、生活配套设施、生产区标牌、定置化管理、固体废物堆放、固体废物管理、生活垃圾处置与利用、主干道路面情况、道路清洁情况、矿区清洁情况和矿区建筑、构筑物建设和维护等 12 个指标。

矿区绿化：包含矿区绿化覆盖、专用主干道绿化美化要求、绿化保障机制、绿化保障效果和矿区美化 5 个指标。

②资源开发方式。

资源开采：包含开采技术和开采工作面质量要求 2 个指标。

选矿及加工工艺：包含选矿及加工工艺、范围要求 2 个指标。

矿山环境恢复治理与土地复垦：包含范围要求、治理要求、土地利用功能要求、生态功能要求 4 个指标。

环境管理与监测：包含环境保护设施、环境管理体系认证、环境监测制度、应急响应机制、矿山地质环境动态监测情况、废水尾矿等动态监测、复垦区等动态监测等 7 个指标。

③资源综合利用。

共伴生资源综合利用：包含资源勘查评价与开发、共伴生资源的综合利用、对复杂难处理或低品位矿石的综合利用、对暂不能开采利用的共伴生矿产的要求 4 个指标。

固体废物处置与综合利用：包含工业固体废物处置与利用、表土处置与利用、回收提取有价元素 / 有用矿物等 3 个指标。

废水处置与综合利用：包含开采废水的处置与综合利用、生产废水的处置与综合利用、生活污水处置等 3 个指标。

④节能减排。

节能降耗：包含全过程能耗核算体系、能源管理计划、矿山单位产品能耗、能源管理体系认证等 4 个指标。

废气排放：包含主要产尘点清单、生产过程的粉尘排放、地面运输过程的粉尘排放、贮存场所粉尘排放、其他废气排放等 5 个指标。

废水排放：生活污水排放、工业废水排放、排水管道设置、地表径流水和淋溶水排放要求等 4 个指标。

固体废物排放和噪声排放要求。

⑤科技创新与智能矿山。

科技创新：包含技术研发队伍、技术研发管理制度、协同创新体制、科技获奖情况、研发及技改投入、高新技术企业认证、知识产权情况、先进技术和装备等 8 个指标。

智能矿山：包含智能矿山建设计划、矿山自动化集中管控平台、矿山生产自动化系统、远程视频监控系统、资源储量管理系统、智能工作面或无人驾驶矿车系统、矿区环境在线监测系统等 7 个指标。

⑥企业管理与企业形象。

绿色矿山管理体系：包含绿色矿山建设计划与目标、绿色矿山建设组织机构与职责、绿色矿山考核、绿色矿山建设改进提升、绿色矿山建设培训等 5 个指标。

企业文化：包含职工满意度调查、职工文娱活动、工会组织开展活动、绿色矿山文化建设等 4 个指标。

企业管理：包含员工收入与企业业绩的联动机制、功能区管理制度、采选装备管理、职业健康管理制度、环境保护管理制度、人员目视化管理、绿色矿山宣传活动、员工体检等 8 个指标。

社区和谐：包含矿地和谐情况、扶贫或公益募捐活动 2 个指标。

企业诚信：包含企业依法纳税情况、企业履行相关义务情况、信息公示情况等 3 个指标。

附录9 企业能源审计

第一节 企业基本情况及能源管理系统

（一）企业基本情况

1. 企业简况

企业简况主要包括企业名称、企业性质、隶属关系、注册资本、资产总额、主要产品、生产规模、主要生产工艺和设备能力、工业总产值、增加值、利税、员工数、占地面积、建筑面积、厂区布置、坐落地址、企业组织结构等相关内容。

2. 主要产品生产概况

主要产品生产概况主要包括生产工艺、装置的生产能力以及主要生产工艺说明。其中，主要生产工艺说明的内容包含工艺流程图、工艺流程说明、主要工艺能源消耗状况等。

3. 企业用能系统概况

企业用能系统概况主要说明用能系统的基本情况，同时用于绘制企业能源流程图。概况内容中应介绍用能系统使用及耗能工质种类，能源加工转换环节的单元应包括企业自产二次能源和耗能工质的各生产单元。

4. 企业供电、供热、供气、供水等主要功能或耗能工质系统情况

企业功能或耗能工质系统情况主要包括五大类：

①电力系统情况：主要供电设备情况；

②热力系统情况：主要供热设备情况；

③燃气系统情况：主要燃气设备情况；

④水系统情况：主要供水设备情况；

⑤其他能源（或耗能工质）转换（或生产）系统情况。

5. 企业主要用能设备

企业主要用能设备主要是对企业主要用能设备汇总，汇总时主要用能设备表应包括型号、功率 / 容量、数量、用能种类、运行时间、投产日期。

（二）企业能源管理系统

1. 企业能源方针和目标

企业根据国家能源政策和有关法律、法规，充分考虑经济效益、社会效益和环境效益，确定的能源方针和能源目标，实施目标责任制情况。

企业能源方针和目标包括企业节能规划和年度目标；无能源管理方针和能源目标的，必须在审计期间制定公布，并做说明；评价节能目标责任制实施情况。

2. 企业能源管理机构和职责

企业能源管理机构和职责的主要内容包括企业能源管理机构、能源管理人员状况、节能管理网络、管理机构的职责、企业能源管理机构运行情况、分析存在的问题。具体为考察能源管理岗位负责人的基本条件、备案情况、职责、接受培训情况，对企业能源管理机构运行情况有评估意见。

3. 企业能源管理制度

①企业能源管理制度现状。包括能源综合管理制度、能源管理岗位职责制度、能源供应管理制度、能源计量管理制度、能源消费统计管理制度、能源消耗定额（限额）管理制度、能源利用状况分析制度、节能技术改造项目管理制度、节能奖惩制制度、节能技术改造项目管理制度、节能奖惩制度、节能教育与培训制度等。

②执行情况。依据管理文件，追踪检查每一项能源管理活动是否按能源管理方案规定开展，达到预期效果。

4. 企业能源计量管理

①能源计量器具表和能源计量网络情况；

②能源计量器具配备率、完好率和检定周期、受检率情况；

③计量存在问题分析。

5. 企业能源统计管理

企业能源统计管理包括企业能源统计现状、机构、网络、原始记录、台账、报表、分析报告等情况。

具体为：对企业现有能源统计现状及组织机构、网络和统计人员配备、报表的及时性、完整性、准确性有审计意见；对能源统计、统计信息化、统计分析评价。

6. 企业能源定额管理

企业能源定额管理包括能源定额管理现状以及能耗定额制定、下达、考核情况。

7. 企业节能技改管理

企业节能技改管理内容包括节能技改管理模式、工作程序。具体为：节能技改管理部门、实施与管理程序；结合已实施的重大节能技改项目情况，为企业节能技改管理进行评价。

8. 对标管理

对标管理主要包括对标管理开展情况、存在问题和评估。具体要对对标管理的有效性进行审计；对无标管理活动必须在管理改进建议中提出解决方法。

第二节　企业能源统计数据审核、利用状况及企业节能潜力分析

（一）企业能源统计数据审核

1. 对能源使用量的审核

对能源使用量的审核主要指按企业能源流程图，分别对外储购，加工转换，输送分配，主要生产系统、辅助生产系统、附属生产系统用能单元，回收利用的能源和耗能工质的能源统计资料、仓库账目、财务账目进行核实。具体为：

①对企业能源购、销、存数据进行全年核查；

②对企业能源消费平衡综合表数据进行核查；

③对企业能源统计（年度）报表数据要追溯到原始票据和库存记录进行核查；

④与上报统计局数据进行比较，有差异时说明原因，对平衡表中的盘盈或盘亏情况进行分析，抽查能源和耗能工质的能源统计资料、账务账目、仓库账目一个月的数据，检查是否账目相符，报告说明抽查资料名称、资料提供部门、抽查月份、数据差错率等。

2. 对企业采用的能源折标系数的审核

对企业采用的能源折标系数的审核内容为企业能源统计中的能源和耗能工质，当量或等价采用折标系数的正确性审核。

具体为：对企业采用的能源折标系数的审核，要说明折标系数来源，如选自《综合能耗计算通则》（GB/T 2598—2008）等相关标准；根据实测计算或参照国家统计局公布的数据采用的能源折标系数与平时统计不同时应说明原因。

3. 对产值、增加值和产品产量数据审核

对产值、增加值和产品产量数据审核的内容为列出审计范围内各种产品产

量、工业总产值、工业增加值。

具体为：审核各种产品合格产品产量与合格率；与企业上报统计局数据有否差异，有差异说明原因。

4. 对企业购入能源费用、单价和质量的审核

对企业购入能源费用、单价和质量的审核内容为，通过复核账目及凭证，审核购入能源单价及费用。

具体为复核购入能源单价、数量及费用，核算企业能源成本比例。

（二）企业能源利用状况分析

1. 企业能源消费状况

企业能源消费状况主要包括核定企业能源种类、结构、能源消费流向、能源消耗量、综合能耗量。

具体为：企业能源消费实物平衡表或企业能量平衡表要按照相关规定填齐或准确画出；用能单位在统计期内实际消耗的各种能源实物量，按规定的计算方法和单位分别折算成标准煤后的总和。

2. 按管理层次（企业、部门、产品、工序）计算分析能效指标

应计算的能效指标主要包括：企业综合能耗、企业单位产值综合能耗、单位增加值综合能耗；部门综合能耗；产品综合能耗、产品单位产量综合能耗；工序（装置）综合能耗、工序单位产出综合能耗。

具体为：①列出主要耗能产品（能耗合计应占企业综合能耗 75% 以上）及不同产品的综合能耗；

②对大型集团公司应有非独立核算的分公司数据；

③按标准规定计算方法列出计算公式，正确计算出企业、部门、产品、工序各项能效指标；

④对各能耗指标分别进行分析，重点对生产工艺能源利用水平进行分析；

⑤据国家、地方能耗限额标准、地方产业能效指南、国内外先进水平、企业历史最高水平、清洁生产审核标准、能效先进水平等资料对上述能效指标进行分析；

⑥有行业产品可比能耗标准的，可比较产品单位产量综合能耗、重点工艺（工序）产品综合能耗；

⑦把企业能耗指标与国际、国内、地方能耗标准，企业上一年能耗指标，历史最高水平进行比较，分析评析。

3. 能源加工转换、输送分配环节计算与分析

内容包括：计算能源加工转换单元、输送分配单元的能效指标；对上述能耗指标水平进行分析评价。

具体为：①计算能源加工转换单元的能量投入产出比（折标系数应采用当量值），加工转换、输送分配单元能效指标；

②根据国家限额、国内外先进水平、企业历史先进水平等资料，分析和评价能耗指标水平。

4. 主要用能系统、主要生产工艺、生产设备水平分析

内容包括：对电、热等主要用能系统进行分析；对主要生产工艺、生产设备能源利用水平进行分析；主要用能系统主要设备能效指标分析、测试情况；

具体为：

①对电、热等主要用能系统合理用能情况进行评估；

②对主要生产工艺、生产设备能源利用水平进行评估；

③对实际运行状况、运行水平进行评估；

④对有节能潜力的主要用能设备应进行能耗统计资料分析计算，必要时进行热平衡、电平衡测试，对测试结果进行评价分析。

5. 淘汰产品、设备（装置）、工艺、生产能力情况

此部分内容包括查清有无列入国家淘汰的产品、设备、装置、工艺和生产能力情况。

6. 能源成本分析

能源成本分析内容主要为对现有产品能源成本结构进行分析。

具体为：分析企业能源成本构成，能源成本占生产成本的比例；分析能源成本上升/下降的原因及对策。

7. 节能减排效果计算分析

节能减排效果计算与分析内容包括：审计期企业节能量；企业已实施节能技术改造项目技术措施节能量，由技术措施节能量计算 CO_2、SO_2 减排量。

具体为：

①计算审计期企业节能量；

②审计期上一年到审计期年度节能技改项目的计划和完成情况，企业近两年已实施节能技术改造项目名称、改造内容、投资额、节能经济效益、节能量（有节能实物量并折合当量、等价值量）要有合计数；

③分析对企业节能目标完成所起的作用。

（三）企业节能潜力分析

1. 现场诊断情况

现场诊断情况主要为对热、电、工艺生产现场进行诊断。

具体为：给出诊断意见，明确节能潜力。

2. 影响能耗指标变化因素

影响能耗指标变化因素主要为分析能源变化及影响因素。

具体为：从能源结构变化，能源购入、加工转换、输送分配、使用，生产工艺、原材料、设备运行、产品结构变化、采用节能新技术等方面进行针对性分析。

3. 管理节能潜力分析

管理节能潜力分析主要为通过企业节能管理现状分析节能潜力。

具体为：针对节能管理制度等方面存在的问题进行分析。

4. 结构节能潜力分析

结构节能潜力分析主要为对产品结构、重点工艺、装备及主要用能系统进行节能潜力分析。

具体为：根据行业工艺、装备信息，分析企业现有产品结构调整、改革工艺、提高装备水平及信息化方面的节能潜力。

5. 技术节能潜力分析

技术节能潜力分析主要为从能源替代技术、系统优化二次能源、节能新技术应用、提高供电供热设备效率、余热利用等方面分析。

具体为：结合现场生产诊断及测试报告对主要供、用能系统，主要用能设备，重点工艺进行节能潜力分析；对企业余能、余热资源分析利用的可能性。

6. 总节能潜力

总节能潜力内容包括全面分析，与企业历史最高水平比较、与国内外同行业能耗先进指标比较，综合前三项节能潜力，确定企业总节能量。

第三节　存在问题与建议、审计结论及附件

（一）存在问题与建议

1. 能源管理存在问题与建议

能源管理存在问题及建议内容包括列出节能管理存在问题及改进建议清单并

汇总，对改进管理的具体措施加以说明。具体为：

①从能源管理机构与制度执行、能源购入质量控制消耗与储存、能源计量、能源统计、加工转换能源利用效率、输送分配管理、设备运行与工艺管理、节能技术改造及设备操作人员培训等方面分析；

②根据管理中存在的问题提出改进建议，建议应具有操作性。

2. 主要节能技术改造项目建议

主要节能技术改造项目建议内容包括列出节能技术改造项目清单，并汇总主要节能技术改造项目技术上和经济上的可行性进行简要分析。具体为：

①对主要节能技术改造项目技术上和经济上的可行性进行简要分析；

②节能技术改造项目的节能量与节能潜力差距较大时，必须阐明原因；

③采用的节能技术应是先进的，应有资金来源说明、技术上的保障、计划完成时间，项目节能量合计应分别折算当量值、等价值。

3. 主要节能技术改造项目减排效果

主要节能技术改造项目减排效果内容包括 CO_2、SO_2、烟尘等减排量计算。具体为按节能量计算，按节约实物量折算出当量值、等价值。

（二）审计结论

审计结论内容包括：

①对企业年节能目标和主要经济技术指标完成情况的评价；

②对企业能源管理和节能技术进步状况的评价；

③对各项能耗指标对标结果、设备测试结果、企业能源利用状况等。

（三）附件

①涉及能源审计单位的有关国家、市、区/县关于开展能源审计工作通知文件；

②企业报送统计部门的各种能源年报；

③有资质机构出具的用能设备监测报告及设备热平衡测试报告的监测、测试结论，设备测试的热平衡表、技术指标、效率、评价建议等。

附录 10 企业环境信用评价服务

第一节 企业环境信用评价等级和信息来源

企业环境信用评价内容包括污染防治、生态保护、环境管理、社会监督四个方面。企业的环境信用等级分为环保诚信企业、环保良好企业、环保警示企业、环保不良企业四个等级，依次以绿牌、蓝牌、黄牌、红牌表示。

（一）企业环境信用评价等级

①环保部门根据参评企业的环境行为信息，按照企业环境信用评价指标及评分方法，得出参评企业的评分结果，确定参评企业的环境信用等级。环保部门根据企业环境信用评价指标及评分方法，对遵守环保法律法规标准并且各项评价指标均获得满分，同时还自愿开展下列两种以上活动，积极履行环保社会责任的参评企业，可以评定为“环保诚信企业”：

a. 在污染物排放符合国家和地方规定的排放标准与总量控制指标的基础上，自愿与环保部门签订进一步削减污染物排放量的协议，并取得协议约定的减排效果的；

b. 自愿申请清洁生产审核并通过验收的；

c. 自愿申请环境管理体系认证并通过认证的；

d. 根据环境保护部为规范企业环境信息公开行为而制定的国家标准，即《企业环境报告书编制导则》（HJ 617—2011），全面、完整地主动公开企业环境信息的；

e. 主动加强与所在社区和相关环保组织的联系与沟通，就企业的建设项目和经营活动所造成的环境影响听取意见和建议，积极改善企业环境行为，并取得良好环境效益和社会效果的；

f. 自愿选择遵守环保法规标准的原材料供货商，优先选购环境友好产品和服务，积极构建绿色供应链，倡导绿色采购的；

g. 主动举办或者积极参与环保知识宣传等环保公益活动的；

h. 主动采用国际组织或者其他国家先进的环境标准与环保实践惯例的；

i. 自愿实施履行环保社会责任的其他活动的。

②在上一年度，企业有下列情形之一的，实行“一票否决”，直接评定为“环保不良企业”：

a. 因为环境违法构成环境犯罪的；

b. 建设项目环境影响评价文件未按规定通过审批，擅自开工建设的；

c. 建设项目环保设施未建成、环保措施未落实、未通过竣工环保验收或者验收不合格，主体工程正式投入生产或者使用的；

d. 建设项目性质、规模、地点、采用的生产工艺或者防治污染、防止生态破坏的措施发生重大变动，未重新报批环境影响评价文件，擅自投入生产或者使用的；

e. 主要污染物排放总量超过控制指标的；

f. 私设暗管或者利用渗井、渗坑、裂隙、溶洞等排放、倾倒、处置水污染物，或者通过私设旁路排放大气污染物的；

g. 非法排放、倾倒、处置危险废物，或者向无经营许可证或者超出经营许可范围的单位或个人提供或者委托其收集、贮存、利用、处置危险废物的；

h. 环境违法行为造成集中式生活饮用水水源取水中断的；

i. 环境违法行为对生活饮用水水源保护区、自然保护区、国家重点生态功能区、风景名胜区、居住功能区、基本农田保护区等环境敏感区造成重大不利影响的；

j. 违法从事自然资源开发、交通基础设施建设，以及其他开发建设活动，造成严重生态破坏的；

k. 发生较大及以上突发环境事件的；

l. 被环保部门挂牌督办，整改逾期未完成的；

m. 以暴力、威胁等方式拒绝、阻挠环保部门工作人员现场检查的；

n. 违反重污染天气应急预案有关规定，对重污染天气响应不力的。

被评为环保不良企业，或者连续两年被评定为环保警示企业的，两年之内不得被评定为环保诚信企业。

（二）评价信息来源

企业环境信用评价，应当以环保部门通过现场检查、监督性监测、重点污染物总量控制核查，以及履行监管职责的其他活动制作或者获取的企业环境行为信息为基础。

省级环保部门可以对用于企业环境信用评价的数据和采集频次等事项，作出具体规定。

环保部门在评价企业环境信用过程中，可以综合考虑企业自行监测数据、排污申报登记数据。公众、社会组织以及媒体提供的企业环境行为信息，经核实后可以作为企业环境信用评价的依据。环保部门可以要求参评企业协助提供有关企业环境管理规章制度、企业环保机构和人员配置等企业内部环境管理方面的信息，该信息经核实后可以作为企业环境信用评价的依据。

组织实施企业环境信用评价的环保部门，可以向有关发展改革部门查询和调取参评企业项目投资管理方面的信息，也可以向有关银行业监管机构查询和调取参评企业申请和获取信贷资金方面的信息。

第二节　企业环境信用评价程序和指标

（一）企业环境信用评价程序

企业环境信用评价周期原则上为一年，评价期间原则上为上一年度。评价结果反映企业上一年度 1 月 1 日至 12 月 31 日期间的环境信用状况。企业环境信用评价工作原则上应当在每年 4 月底前完成。省级环保部门可以根据实际情况，对评价周期、评价期间和完成时限作出调整。

组织实施企业环境信用评价的环保部门，应当在每年 1 月底前，确定纳入本年度环境信用评价范围的企业名单，并通过本部门政府网站公布，同时报送上级环保部门备案。

环保部门应当于每年 2 月底前，根据规定的评价指标及评分方法，对企业环境行为进行信用评价，就企业的环境信用等级，提出初评意见。初评意见应当及时反馈参评企业，并通过政府网站进行公示，公示期不得少于 15 天。有关企业对初评意见有异议的，应当在初评意见公示期满前，向发布公示的环保部门提出异议，并提供相关资料或证据；逾期未反馈意见的，视为无异议。公众、环保团体或者其他社会组织，对初评意见有异议的，可以在公示期满前，向发布公示的环保部门提出异议，并提供相关资料或者证据。

（二）企业环境信用评价指标体系

指标体系包含污染防治、生态保护、环境管理、社会监督等 4 个方面。

①污染防治。

包含大气及水污染物达标排放、一般固体废物处理处置、危险废物规范化管理、噪声污染防治等 4 个指标。

②生态保护。

包含选址布局中的生态保护、资源利用中的生态保护、开发建设中的生态保护等 3 个指标。

③环境管理。

包含排污许可证、排污申报、排污费缴纳、污染治理设施运行、排污口规范化整治、企业自行监测、内部环境管理情况、环境风险管理、强制性清洁生产审核、行政处罚与行政命令等 10 个指标。

④社会监督。

包含群众投诉、媒体监督、信息公开、自行监测信息公开等 4 个指标。

附录 11 ISO 环境管理体系认证

（一）ISO 环境管理体系认证过程

1. 建立环境管理体系

ISO 14001 环境管理体系的建立和实施遵循自愿原则，由组织最高管理者决策建立和实施 ISO 14001 环境管理体系，具体应完成以下五个方面的内容：

①做好人、财、物方面的准备。

由最高管理者书面任命环境管理者代表；最高管理者应授权建立相应的机构，并给予人力和财物方面的支持，以保证体系建立和运行的需要。

②要做好初始环境评审。

这项工作是对组织过去和现在的环境管理情况进行评价、总结经验，找出存在的主要环境问题并分析其风险，以确定控制方法和将来的改进方向。一般来说，要做初始环境评审，应先组建由从事环保、生产、技术、设备等各方面的专业技术人员组成工作组。工作组要完成法律法规的识别和评价，环境因素的识别和评价，现有环境管理制度和 ISO 14001 标准差距的评价，并形成初始环境评审报告。

③要完成环境管理体系策划工作。

环境管理体系策划，就是根据初始环境评审的结果和组织的经济技术实力，制定环境方针；确定环境管理体系构架；确定组织机构与职责；制定目标、指标、环境管理方案；确定哪些环境活动需要制定运行控制程序。

④编制体系文件。

ISO 14001 环境管理体系是一个文件化的环境管理体系，需编制环境管理手册、程序文件、作业指导书等。

⑤运行环境管理体系。

环境管理体系文件编制完成，正式颁布，标志着环境管理体系已经建立并投入运行。

在体系运行期间，为审查组织的环境管理活动是否已按环境管理体系文件的规定进行，环境管理体系是否得到了正确的实施和保持，为确定体系的持续适用性、充分性、有效性，应组织内部审核和管理评审。

贯穿这些工作始终的另一项重要工作是全员培训，建立和实施环境管理体系强调全员参与。建立和实施环境管理体系的任何一个环节，都有赖于全体人员共同努力，任何一名员工都不可能游离于体系之外，为使他们都能理解并以实际行动支持体系的建立和运行，组织必须进行充分的培训，内容从 ISO 14001 标准，到环境方针，到适用法律法规，到个人职责，到重要环境因素，到体系文件，到作业指导书，到运行记录等。

如果组织在建立和实施体系的过程中，需要人员培训和技术支持，可以向环境管理体系咨询机构寻求帮助。按照我国规定，ISO 14001 环境管理体系咨询机构必须在生态环境部相关部门注册备案。

2. 环境管理体系认证

（1）认证取证阶段

经过内审和管理评审，组织如果确认其环境管理体系基本符合 ISO 14001 标准要求，对组织适用性较好，且运行充分、有效，可向已获得中国环境管理体系认证机构认可委员会认可有认证资格的认证机构提出认证申请并签订认证合同，进入 ISO 14001 环境管理体系认证审核阶段。

认证审核是认证机构受组织委托，以第三方身份对组织的环境管理体系与 ISO 14001 环境管理体系标准的符合性和运行、保持的有效性进行审核验证，并确定是否向组织发放认证证书的过程。

为接受认证机构的认证审核，组织应做好充分准备，保持体系有效运行。认证机构会派出审核组，审核组将组织实施认证审核。

（2）环境管理体系审核

在整个认证过程中，对申请方的环境管理体系的审核是最关键的环节。认证机构正式受理申请方的申请之后，迅速组成一个审核小组，并任命一个审核组长，审核组中至少有一名具有该审核范围专业项目种类审核资质的专业审核人员或技术专家，协助审核组进行审核工作。审核工作大致分为 3 步：

①文件审核。对申请方提交的准备文件进行详细的审查，这是实施现场审核的基础工作。申请方需要编写好其环境管理体系文件，在审核过程中，若发现申请方的环境体系（EMS）手册不符合要求，则由其采取有效纠正措施直至符合要求。认证机构对这些文件进行认真审核后，如果认为合格，就准备进入现场审核阶段。

②现场审核。在完成对申请方的文件审查和预审基础上，审核组长要制订一

个审核计划，告知申请方并征求申请方的意见。申请方接到审核计划之后，如果对审核计划的某些条款或安排有不同意见，立即通知审核组长或认证机构，并在现场审核前解决这些问题。这些问题被解决之后，审核组正式实施现场审核，主要目的就是通过对申请方进行现场实地考察，验证 EMS 手册、程序文件和作业指导书等一系列文件的实际执行情况，从而来评价该环境管理体系运行的有效性，判别申请方建立的环境管理体系和 ISO 14001 标准是否相符合。在实施现场审核过程中，审核小组每天都要进行内部讨论，由审核组长主持，全体审核员参加，对本次审核的结构进行全面的评定，确定现场审核中发现的哪些不符合情况需写成不符合项报告及严重程度。

③跟踪审核。申请方按照审核计划与认证机构商定时间纠正发现的不符合项，纠正措施完成之后递交认证机构。认证机构收到材料后，组织原来的审核小组的成员对纠正措施的效果进行跟踪审核。如果审核结果表明被审核方报来的材料详细确实，则可以进入注册阶段的工作。

（3）报批并颁发证书

根据注册材料上报清单的要求，审核组长对上报材料进行整理并填写注册推荐表，该表最后上交认证机构进行复审，如果合格，认证机构将编制并发放证书，将该申请方列入获证目录，申请方可以通过各种媒介来宣传，并可以在产品上加贴注册标识。

（4）监督检查及复审、换证

在证书有效期限内，认证机构对获证企业进行监督检查，以保证该环境管理体系符合 ISO 14001 标准要求，并能够切实、有效地运行。证书有效期满后，或者企业的认证范围、模式、机构名称等发生重大变化后，该认证机构受理企业的换证申请，以保证企业不断改进和完善其环境管理体系。

（二）ISO 14001 环境管理体系认证所需资料

①有效版本的环境管理手册及程序文件；

②营业执照副本复印件和组织机构代码证复印件；

③企业状况简介；

④组织的环境影响评价报告书（或报告表）；

⑤项目的环境影响评价批复；

⑥组织的“三同时”竣工验收报告；

⑦组织的地理位置图、社区平面图和下水管网图；
⑧企业的组织机构和相关的职责；
⑨体系运行以来“三废”的监测报告；
⑩当地环保部门出具的企业近年来守法的证明；
⑪特种设备的档案及相关操作人员的资格证照（特征行业需提供）；
⑫化学品清单（MSDS）；
⑬组织的环境目标指标及重大环境因素；
⑭组织实用的法律法规清单。

附录 12 规划环境影响评价

1. 规划主体

国务院有关部门、设区的市级以上地方人民政府及其有关部门，对其组织编制的土地利用的有关规划和区域、流域、海域的建设、开发利用规划，以及工业、农业、畜牧业、林业、能源、水利、交通、城市建设、旅游、自然资源开发的有关专项规划，应当进行环境影响评价。

2. 规划环境影响评价总则

（1）评价原则

规划环境影响评价的原则是：①早期介入、过程互动；②统筹衔接、分类指导；③客观评价、结论科学。

（2）评价标准

依据规划区所在区域，以及环境敏感区、生态环保红线、环境管控单元等因素，确定规划环境影响评价应执行环境质量标准及污染物排放标准。

（3）评价范围

①按照规划实施的时间维度和可能影响的空间尺度来界定评价范围。

②时间维度上，应包括整个规划期，并根据规划方案的内容、年限等选择评价的重点时段。

③时间尺度上，应包括规划空间范围以及可能受到规划实施影响的周边区域。周边区域的确定应考虑各环境要素评价范围，兼顾区域污染物传输扩散特征、生态系统完整性和行政边界。

（4）环境保护目标

调查规划区域评价范围内的各个环境要素的环境保护目标，包括大气环境保护目标、地表水环境保护目标、地下水环境保护目标、声环境保护目标、土壤环境保护目标、生态环境保护目标等。

3. 编制要点

（1）规划概况

①规划总体安排。

说明产业园区规划目标和定位、规划范围和时限、发展规模、发展时序、用地（用海）布局、功能分区、能源和资源利用结构等。

②产业发展。

说明产业园区产业发展定位、产业结构，重点介绍规划主导产业及其规模、布局、建设时序等，规划所包含具体建设项目的性质、内容、规模、选址、项目组成和产能等。

③基础设施建设。

重点介绍产业园区规划建设或依托的污水集中处理、固体废物（含危险废物）集中处置、中水回用、集中供热（供冷）、余热利用、集中供气（含蒸汽）、供水、供能（含清洁低碳能源供应）等设施，以及道路交通、管廊、管网等配套和辅助条件。

④生态环境保护。

重点介绍产业园区环境保护总体目标、主要指标、环境污染防治措施、生态环境保护与建设方案、环境管理及环境风险防控要求、应急保障方案或措施等。

（2）规划分析

①与上位和同层位规划的协调性分析。

分析产业园区规划与上位和同层位生态环境保护法律、法规、政策及国土空间规划、产业发展规划等相关规划的符合性和协调性，明确在空间布局、资源保护与利用、生态保护、污染防治、节能降碳、风险防控要求等方面的不协调或潜在冲突。

②与“三线一单”的符合性。

重点关注规划与区域生态保护红线、环境质量底线、资源利用上线和生态环境准入清单要求的符合性，对不符合“三线一单”要求的，提出明确的规划调整建议。

（3）环境现状调查与评价

①产业园区开发与保护现状调查。

a. 产业园区开发现状：调查产业园区三产规模和结构、工业规模和结构、主要产业及其产能规模、人口规模及其分布等。

b. 环境基础设施现状：调查产业园区已建或依托环境基础设施概况，包括设计规模、设施布局、服务范围、处理工艺、处理能力、实际运行效果和达标排放水平等，其中污水处理设施还应调查配套管网、排污口设置、污染雨水收集与处理情况。

c. 环境管理现状：调查产业园区规划环境影响评价执行情况，重点企业环境影响评价、竣工验收、排污许可证管理等开展情况；产业园区主要污染物及碳减排情况，主要污染行业、重点企业污染防治情况；产业园区环境监管、监测能力现状，环保督察发现的问题（或环境投诉）及其整改情况。

②资源能源开发利用现状调查。

调查、分析产业园区、主要产业及重点企业资源能源使用需求、利用效率和综合利用现状及变化；产业园区能源结构调整、能源利用总量及能耗强度控制情况，涉煤项目煤炭消费减量替代方案落实情况；分析产业园区资源能源集约、节约利用与资源能源利用上线或同类型产业园区、相关政策要求的差距，以及进一步提高的潜力。

以电力、钢铁、建材、有色、石化和化工等重点碳排放行业为主导产业的产业园区，应调查碳排放控制水平与行业碳达峰要求的差距和降碳潜力。

③生态环境现状调查与评价。

调查评价范围内区域生态保护红线、生态空间及环境敏感区的分布、范围及其管控要求，明确与产业园区的空间位置关系；调查土地利用现状变化，产业（生产）、居住（生活）、生态用地的冲突。

调查评价范围主要污染源类型和分布、污染物排放特征和水平、排污去向或委托处置等情况，确定主要污染行业、污染源和污染物。

调查评价区域水环境（地表水、地下水、近岸海域）、大气环境、声环境、土壤环境及底泥（沉积物）等质量状况，调查因子包括常规、特征污染因子；分析评价范围环境质量变化的时空特征及影响因素，说明环境质量超标的位置、时段、因子及成因。

④环境风险与管理现状调查。

调查产业园区涉及的有毒有害物质及危险化学品、重点环境风险源清单，确定重点关注的环境风险物质、环境风险受体及其分布。

调查产业园区环境风险防控联动状况，分析产业园区环境风险防控水平与环境安全保障要求的差距。

⑤现状问题和制约因素分析。

根据现状调查结果，对照“三线一单”等环境管理要求，分析产业园区产业发展和生态环境现状问题及成因，提出产业园区发展及规划实施需重点关注的资源、生态、环境等方面的制约因素，明确新一轮规划实施需优先解决的涉及生态环境质量改善、环境风险防控、资源能源高效利用等方面的问题。

（4）环境影响识别与评价指标体系构建

识别规划实施可能产生的资源、生态、环境影响，初步判断影响的性质、范围和程度，确定评价重点，明确环境目标，建立评价的指标体系。

①环境影响识别。

识别土地开发、功能布局、产业发展、资源和能源利用、大宗物质运输及基础设施运行等规划实施全过程的影响。分析不同规划时段的规划开发活动对资源和环境要素、人群健康等的影响途径与方式，以及影响效应、影响性质、影响范围、影响程度等；筛选出受规划实施影响显著的生态、环境、资源要素和敏感受体，辨识潜在重大环境风险因子和制约区域生态环境质量改善的污染因子，确定环境影响预测与评价的重点。

②环境风险因子辨识。

对涉及易燃易爆、有毒有害危险物质生产、使用、贮存等的产业园区，识别规划实施可能产生的危险物质、风险源和主要风险受体，辨识主要环境风险类型和因子，明确环境风险的主要扩散介质和途径。

③环境目标与评价指标体系构建。

衔接区域生态保护红线、环境质量底线、资源利用上线管控目标，考虑区域和行业碳达峰要求，从生态保护、环境质量、风险防控、碳减排及资源利用、污染集中治理等方面建立环境目标和评价指标体系，明确基准年及不同评价时段的环境目标值、评价指标值、确定依据，以及主要风险受体的可接受环境风险水平值。

（5）环境影响预测与评价

①地表水环境的影响预测与评价。

分析产业园区污水产生、收集与处理、尾水回用情况，预测、评价尾水排放等对受纳水体（地表水、近岸海域）环境质量的影响；结合所依托的区域污水集中处理设施规模、接纳能力、处理工艺、纳管水质要求、配套污水管网建设等，分析论证产业园区污水集中收集、处理的环境可行性。

②地下水环境的影响预测与评价。

结合产业园区水文地质特征和包气带防护性能，分析、识别规划主要污染产业、污水或危险废物等集中处理设施建设等，可能污染地下水的主要污染物、污染途径及污染物在含水层中的运移、吸附与解级过程，综合评价产业及基础设施布局的环境合理性；涉及重金属及有毒有害物质排放或位于地下水环境敏感区的产业园区，可采用定量预测的方法，分区评价污水排放、有毒有害物质泄漏或污水（渗滤液）渗漏等对地下水环境及环境敏感区的影响程度、影响范围和风险可控性。

③大气环境的影响预测与评价。

预测评价规划产业发展、物流交通及集中供热、固体废物焚烧、废气集中处理中心等设施建设对评价范围环境空气质量的影响。考虑区域大气污染物传输特征，分析产业园区规划实施对区域大气环境质量的总体影响。

④声环境的影响预测与评价。

预测规划实施后交通物流方式、主要道路车流量等的变化，分析规划实施后集中居住区等声环境敏感区环境质量达标情况。

⑤固体废物处理处置及影响分析。

预测、分析规划实施可能产生的固体废物（尤其是危险废物）种类、数量、处理处置方式、综合利用途径及可能产生的间接环境影响；纳入区域固体废物管理处置体系的产业园区，从接纳能力、处理类型、处理工艺、服务年限、污染物达标排放等方面，分析依托既有处理处置设施的技术、经济和环境可行性。

⑥土壤环境影响预测与评价。

对涉及重金属及有毒有害物质排放的产业园区，分析规划实施可能对土壤环境造成显著影响的重金属和有毒有害物质。根据污染物排放特征及其在土壤环境中的输移、转化过程，分析主要受影响的地块，以及土壤环境污染变化潜势。

⑦生态环境影响预测与评价。

分析土地利用类型改变等对生态保护红线、重点生态功能区、环境敏感区的影响，重点关注污染物排放等对重要生态系统功能及重要物种栖息地质量的影响。涉海的产业园区还应分析围填海的生态环境影响。

⑧环境风险预测与评价。

a. 预测评价各类突发性环境事件对人群聚集区等重要环境敏感区的风险影响范围、可接受程度等后果；涉及大规模危险化学品输运的产业园区，应分析危险化学品输送、转运、贮存的环境风险。

b. 对可能产生易生物蓄积、长期接触对人群和生物产生危害作用的无机和有机污染物、放射性污染物等的产业园区，根据产业园区特征污染物环境影响预测结果，分析暴露的途径、方式及可能产生的人群健康风险。

⑨累积环境影响预测与分析。

分析规划实施可能产生累积性影响的污染因子、累积方式、累积途径、累积影响范围和程度，重点关注大气—土壤—地下水环境等跨相介质污染物的输送及累积效应，从时间 / 空间角度分析累积环境影响。

⑩资源与环境承载力分析。

a. 分析产业园区资源（水资源、能源等）利用、污染物（水污染物、大气污染物等）及碳排放对区域或相关环境管控单元资源能源利用上限及污染物允许排放总量、碳排放总量的占用情况，评估区域资源、能源及环境对规划实施的承载状态。

b. 园区所在区域环境质量超标的，以环境质量改善为目标，结合产业园区污染物减排方案，提出产业园区存量源污染物削减量和规划新增源污染物控制量。资源消耗超过相应总量或强度上限的产业园区，分析提出资源集约和综合利用途径及方案，以不突破上线为原则明确产业园区资源利用总量控制要求。碳排放总量超过区域碳排放控制目标的产业园区，应明确产业园区降碳途径和实现碳减排的具体措施。

（6）规划方案综合论证和优化调整建议

①规划方案环境合理性论证。

a. 基于区域生态保护红线、环境质量底线、资源利用上线管控目标，结合规划协调性分析结论，论证产业园区规划目标与发展定位环境合理性。

b. 基于园区环境管控分区及要求，结合规划实施对生态保护红线、重点生态功能区、其他环境敏感区的影响预测及环境风险评价结果，论证产业园区布局、重大建设项目选址的环境合理性。

c. 基于园区污染物排放管控、环境风险防控、资源能源开发利用管控，结合环境影响预测与评价结果，以及园区低碳化、生态化发展要求，论证园区规划规模（产业规模、用地规模等）、结构（产业结构、能源结构等）、运输方式的环境合理性。

d. 基于园区基础设施环境影响分析，论证产业园区污水集中处理、固体废物（含危险废物）分类集中安全处置、集中供热、VOCs 等废气集中处理中心等设施选址、规模、建设时序、排放口（排污口）设置等的环境合理性。

e. 特殊类型产业园区规划方案综合论证重点包括：

化工及石化园区重点从环境风险防控要求约束，规划实施可能产生的环境风险、环境质量影响等方面，论证园区选址、产业定位、高风险产业及下游产业链发展规模、园区内部功能分区和用地布局、污水及危险废物等集中处理处置设施、环境风险防范设施等建设的环境合理性。

涉及重金属污染物、无机和有机污染物、放射性污染物等特殊污染物排放的产业园区，重点从园区污染物排放管控、建设用地污染风险管控约束，规划实施可能产生的环境影响、人群健康风险、底泥（沉积物）和土壤环境等累积性影响方面，论证园区产业定位和产业结构、主要规划产业规模和布局、污染集中处理设施建设方案的环境合理性。

以电力、钢铁、建材、有色、石化和化工等重点碳排放行业为主导产业的园区，重点从资源能源利用管控约束，与区域、行业的碳达峰和碳减排要求的符合性，资源与环境承载状态等方面，论证园区产业定位、产业结构、能源结构、重点涉碳排放产业规模的环境合理性。

②规划优化调整建议。

a. 规划实施后无法达到环境目标、满足区域碳达峰要求，或与国土空间规划功能分区等冲突，应提出产业园区总体发展目标、功能定位的优化调整建议。

b. 规划布局与区域生态保护红线、产业园区空间布局管控要求不符，或对生态保护红线及产业园区内、外环境敏感区等产生重大不良生态环境影响，或产业布局及重大建设项目选址等产生的环境风险不可接受，应对产业园区布局、重大建设项目选址等提出优化调整建议。

c. 规划产业发展可能造成重大生态破坏、环境污染、环境风险、人群健康影响或资源、生态、环境无法承载，或超标产业园区考虑区域污染防治和产业园区污染物削减后仍无法满足环境质量改善目标要求，或污染物排放、资源开发、能源利用、碳排放不符合产业园区污染物排放管控、环境风险防控、资源能源开发利用等管控要求，应对产业规模、产业结构、能源结构等提出优化调整建议。

d. 基础设施规划实施后，可能产生重大不良环境影响，或无法满足规划实施需求、难以有效实现产业园区污染集中治理的，应提出选址、规模、建设时序及处理工艺、排污口设置、提标改造、中水回用及配套管网建设等优化调整建议，或区域环境基础设施共建共享的建议。

（7）不良环境影响减缓对策措施与协同降碳建议

①资源节约与碳减排。

a. 资源节约利用

从完善产业园区能源梯级高效利用、非常规水资源（如矿井水、中水、微咸水、海水淡化水）利用、固体废物综合利用、土地节约集约利用等方面，提出产业循环式组合、园区循环化发展的优化建议。

b. 碳减排

提出产业园区碳减排的主要途径和主要措施建议，包括涉碳排放产业规模、结构调整、原料替代，能源利用效率提升，绿色清洁能源利用，废物的节能与低碳化处置等。

②产业园区环境风险防范对策。

a. 针对潜在的环境风险，提出相关产业发展的约束性要求。

b. 对可能产生显著人群健康影响的产业园区，提出减缓人群健康风险的对策、措施。

c. 从环境风险预警体系建设、重大风险源在线监控、危险化学品运输风险防控、突发性环境风险事故应急响应、完善环境风险应急预案、环境应急保障体系建设等方面，提出完善企业、园区、区域环境风险防控体系的对策，以及产业园区与区域风险防控体系的衔接机制。

③生态环境保护与污染防治对策和措施。

a. 提出园区落实区域环境质量改善及污染防控方案的主要措施和要求，包括改善大气环境质量、提升水环境质量、分类防治土壤环境污染、完善固体废物收集和贮存及利用处置等。

b. 针对产业园区既有环境问题和规划实施可能产生的主要环境影响，提出减缓对策和措施。

c. 生态环境较敏感或生态功能显著退化的产业园区，应提出生态功能修复和生物多样性保护的对策和措施，包括生态修复、生态廊道构建、生态敏感区保护及绿化隔离带或防护林等缓冲带建设等。

（8）规划包含建设项目的环境影响评价要求

①分行业提出规划所含建设项目环境影响评价重点内容和基本要求。

②对符合产业园区环境准入的建设项目，提出简化入园建设项目环境影响评价的建议。

a. 对不涉及特定保护区域、环境敏感区，且满足重点管控区域准入要求的建设项目，可提出简化选址环境可行性和政策符合性分析，生态环境调查直接引用规划环境影响评价结论的建议。

b. 对区域环境质量满足考核要求且持续改善、不新增特征污染物排放的建设项目，可提出直接引用符合时效的产业园区环境质量现状和固定、移动污染源调查结论，简化现状调查与评价内容的建议。

c. 对依托产业园区供热、清洁低碳能源供应、VOCs 等废气集中处理、污水集中处理、固体废物集中处置等公用设施的建设项目，可提出正常工况下的环境影响直接引用规划环境影响评价结论的建议。

（9）环境影响跟踪评价

①拟订跟踪评价计划，对产业园区规划实施全过程已产生的资源利用、环境质量、生态功能影响进行跟踪监测，对规划实施提出环境管理要求，并为后续产业园区跟踪环境影响评价提供依据。

②产业园区跟踪监测方案是跟踪评价计划的重要内容，包括跟踪监测的环境要素、生态指标、监测因子、监测点位（断面）、监测频次、监测采样与分析方法、执行标准等。

a. 监测点位（断面）布设应考虑环境敏感区、产业集中单元、现状环境问题突出的单元、产业园区优先保护区、重点控制断面，区域水环境、土壤环境、大气环境重点管控单元等。

b. 监测环境要素应包括大气环境、水环境、声环境、土壤环境、生态环境、底泥（沉积物）等，必要时还应考虑可能受影响的产业园区及周边易感人群。

c. 监测因子或指标应包括常规污染因子、特征污染因子、现状超标因子、生态状况指标，以及特定条件下的人群健康状况指标等。

（10）园区环境管理与环境准入

①园区环境管理方案。

a. 以改善产业园区生态环境质量为核心，提出产业园区环境管理目标、重点、对象和指标，完善产业园区环境管理方案。

b. 以提高产业园区环境管理能力和水平为目标，提出加强污染源及风险源监管、污染物在线监测、环保及节能设施建设、环境风险防控及应急体系建设、环境监管能力建设等方面的措施和建议，强化产业园区环境管理措施。

②产业园区环境准入。

a. 产业园区环境管控分区细化。

产业园区与区域优先保护单元重叠地块，产业园区内其他具有重要生态功能的河流水系、湿地、潮间带、山体、绿地等及评价确定需保护的其他环境敏感区，划为保护区域。保护区域外结合产业园区功能分区，划为不同的重点管控区域。

b. 分区环境管控要求。

落实国家和地方的法律、法规、政策及区域生态环境准入清单，结合现状调查、影响预测评价结果，细化分区环境准入要求。保护区域环境准入应包括以下要求：列出保护区域禁止或限制布局的规划用地类型、规划行业类型等，对不符合管控要求的现有开发建设活动提出整改或退出要求。

c. 重点管控区域环境准入应包括以下要求：

空间布局约束要求。对既有环境问题突出、土壤重金属超标、污染企业退出的遗留污染棕地、弱包气带防护性能区等地块，提出禁止和限制准入的产业类型及严格的开发利用环境准入条件；针对环境风险防范区、环境污染显著且短时间内治理困难的地块等，提出限制、禁止布局的用地类型或布局的建议。

污染物排放管控要求。包括产业园区、主要污染行业的主要常规、特征污染物允许排放量及存量源削减量和新增源控制量、主要污染物（包括常规和特征污染物）及碳排放强度准入要求，现有源提标升级改造、倍量削减（等量替代）等污染物减排要求，主要污染行业预处理、深度治理等要求。

环境风险防控要求。涉及易燃易爆、有毒有害危险物质，特别是优先控制化学品生产、使用、贮存的产业园区，应提出重点环境风险源监管，禁止或限制的危险物质类型及危险物质在线量，危险废物全过程环境监管，高风险产业发展规模控制等；建设用地土壤污染风险防控或污染土壤修复等管控要求。

资源开发利用管控要求。包括水资源、土地资源、能源利用效率等准入要求。节能、能源利用（方式）及绿色能源利用，涉煤项目煤炭减量替代要求；涉及高污染燃料禁燃区的产业园区应提出禁止、限制准入的燃料及高污染燃料设施类型、规模及能源结构调整等要求。水资源超载产业园区应提出禁止、限制准入的高耗水行业类型、工序类型及中水回用要求。

（11）公众参与意见处理

收集整理公众意见和会商意见，对于已采纳的，应在环境影响评价文件中明确说明修改的具体内容；对于未采纳的，应说明理由。

（12）评价结论

①产业园区生态环境现状与存在问题。

结合产业园区发展情况和生态环境调查，明确产业园区污染治理、风险防控、环境管理、重要资源开发利用状况及其与环境管理目标和相关政策要求的差距。给出产业园区环境质量现状和历史演变趋势，环境质量超标的位置、时段、因子及成因。指出产业园区发展在生态环境质量改善、环境风险防控、资源能源高效利用等方面，存在的主要生态环境问题和环境风险隐患。

②规划生态环境影响特征与预测评价结论。

明确规划实施产生的显著生态环境影响，以及对重要环境敏感区的影响方式、途径和程度。明确规划实施的环境风险因素和受体特征，以及环境风险类型、暴露途径、水平和后果。明确规划实施对区域生态环境的整体影响和累积效应，以及对实现产业园区环境目标的综合影响。

③资源环境压力与承载状态评估结论。

结合评价时段内产业园区水资源、土地资源、能源等需求量及潜在的碳排放水平，明确规划实施带来的新增资源、能源消耗量和主要污染物、碳排放负荷。指出不同评价时段产业园区主要污染物削减措施、削减来源及减排潜力，以及主要资源、污染物现状量、减排量（节减量）、新增量，明确规划实施的资源环境承载状态。

④规划实施制约因素与优化调整建议。

明确产业园区规划与上位和同层位法律、法规、政策及“三线一单”和相关规划存在的不协调、不符合或潜在冲突，从加强生态环境保护角度给出相应的解决对策。结合环境影响预测分析评价结果，明确规划实施的主要资源、环境、生态制约因素，指出与产业园区环境目标和要求不相符的规划内容，并提出具体、可行的优化调整建议。说明规划环境影响评价与规划编制互动过程，编制机关采纳规划环境影响评价建议优化规划方案的主要内容。

⑤规划实施生态环境保护目标和要求。

从生态保护、环境质量、风险防控、碳减排及资源利用、污染集中治理等方面，明确规划实施的生态环境保护目标、指标和要求，以及产业园区资源节约利用、碳减排的主要优化建议。针对产业园区现状生态环境问题和不同评价时段主要生态环境影响，提出不良环境影响减缓对策、环境风险防控要求、环境污染防治措施，以及产业园区生态保护和治理措施。

⑥产业园区环境管理改进对策和建议。

明确产业园区环境管理现状问题和短板，以及与规划期环境目标和要求的差距，给出提高产业园区环境监管水平和执行能力的对策建议。明确产业园区环境管控分区，给出具体的分区环境准入要求。明确产业园区环境影响跟踪监测和评价的总体要求和执行要点，规划所含建设项目环境影响评价的重点内容、基本要求及简化建议。

附录13 绿色园区

（一）基本要求

①国家和地方绿色、循环和低碳相关法律法规、政策和标准应得到有效的贯彻执行。

②近三年，未发生重大污染事故或重大生态破坏事件，完成国家或地方政府下达的节能减排指标，碳排放强度持续下降。

③环境质量达到国家或地方规定的环境功能区环境质量标准，园区内企业污染物达标排放，各类重点污染物排放总量均不超过国家或地方的总量控制要求。

④园区重点企业100%实施清洁生产审核。

⑤园区企业不应使用国家列入淘汰目录的落后生产技术、工艺和设备，不应生产国家列入淘汰目录的产品。

⑥园区建立履行绿色发展工作职责的专门机构、配备2名以上专职工作人员。

⑦鼓励园区建立并运行环境管理体系和能源管理体系，建立园区能源监测管理平台。

⑧鼓励园区建设并运行风能、太阳能等可再生能源应用设施。

（二）绿色园区评价指标体系

包括能源利用绿色化指标、资源利用绿色化指标、基础设施绿色化指标、产业绿色化指标、生态环境绿色化指标、运行管理绿色化指标6个方面。

能源利用绿色化指标包括能源产出率、可再生能源使用比例、清洁能源使用率等3个指标。

资源利用绿色化指标包括水资源产出率、土地资源产出率、工业固体废物综合利用率、工业用水重复利用率、中水回用率、余热资源回收利用率、废气资源回收利用率、再生资源回收利用率等8个指标。

基础设施绿色化指标包括污水集中处理设施、新建工业建筑中绿色建筑的比例、新建公共建筑中绿色建筑的比例、500米公交站点覆盖率、节能与新能源公交车比例等5个指标。

产业绿色化指标包括高新技术产业产值占园区工业总产值比例、绿色产业增加值占园区工业增加值比例、人均工业增加值、现代服务业比例等 4 个指标。

生态环境绿色化指标包括工业固体废物（含危险废物）处置利用率、万元工业增加值碳排放量削减率、单位工业增加值废水排放量、主要污染物弹性系数、园区空气质量优良率、绿化覆盖率、道路遮阴比例、露天停车场遮阴比例等 8 个指标。

运行管理绿色化指标包括绿色园区标准体系完善程度、编制绿色园区发展规划、绿色园区信息平台完善程度等 3 个指标。

附录 14 生态文明示范区建设

（一）申报主体

市、县两级人民政府。市包括设区市、直辖市所辖区、地区、自治州、盟等地级行政区；县包括设区市的区、县级市县、旗等县级行政区。

（二）申报条件

符合下列条件的创建地区人民政府，可通过省级生态环境主管部门向生态环境部提出申报申请：

①市县建设规划发布实施且处在有效期内；

②相关法律法规得到严格落实。党政领导干部生态环境损害责任追究、领导干部自然资源资产离任审计、自然资源资产负债表、生态环境损害赔偿、“三线一单”等制度保障工作按照国家和省级总体部署有效开展；

③经自查已达到国家生态文明建设示范市县各项建设指标要求。

近 3 年存在下列情况的地区不得申报：

①中央生态环境保护督察和生态环境部组织的各类专项督查中存在重大问题，且未按计划完成整改任务的；

②未完成国家下达的生态环境质量、节能减排、排污许可证核发等生态环境保护重点工作任务的；

③发生重大、特大突发环境事件或生态破坏事件的，以及因重大生态环境问题被生态环境部约谈、挂牌督办或实施区域限批的；

④群众信访举报的生态环境案件未及时办理、办结率低的；

⑤国家重点生态功能区县域生态环境质量监测评价与考核结果为“一般变差”“明显变差”的；

⑥出现生态环境监测数据造假的。

（三）申报流程

①开展国家生态文明建设示范市县创建的地区，应当参照规划编制指南，组织编制生态文明建设规划；

②市级规划由生态环境部或委托省级生态环境主管部门组织评审；县级规划

由省级生态环境主管部门组织评审。规划通过评审后，应由同级人民代表大会（或其常务委员会）或本级人民政府审议后颁布实施。

③省级生态环境主管部门应当按照申报条件对申报地区进行预审，严格把关，择优确定拟推荐地区上报生态环境部。

④生态环境部组织相关专家对创建地区进行核查，并形成核查意见。

⑤生态环境部根据核查情况按程序进行审议，并在生态环境部网站、“两微”平台、中国环境报对拟命名地区予以公示。

⑥公示期间未收到投诉和举报，或投诉和举报问题经查不属实、查无实据、经认定得到有效解决的地区，生态环境部按程序审议通过后发布公告，授予相应的国家生态文明建设示范市县称号，有效期 3 年。

（四）生态文明建设示范市县建设指标体系

包括生态制度、生态安全、生态空间、生态经济、生态生活、生态文化等 6 个指标。

（1）生态制度

包括生态文明建设规划、党委和政府对生态文明建设重大目标任务部署情况、生态文明建设工作占党政实绩考核的比例、河长制、生态环境信息公开率、依法开展规划环境影响评价等 6 个指标。

（2）生态安全

包括生态环境质量改善、生态系统保护和生态环境风险防范 3 个指标。

①生态环境质量改善。

包括环境空气质量（优良天数比例、$PM_{2.5}$ 浓度下降幅度）、水环境质量（水质达到或优于Ⅲ类比例提高幅度、劣Ⅴ类水体比例下降幅度、黑臭水体消除比例）、近岸海域水质优良（一、二类）比例等指标。

②生态系统保护。

包括生态环境状况指数、林草覆盖率、生物多样性保护（国家重点保护野生动植物保护率、外来物种入侵、特有性或指示性水生物种保持率）、海岸生态修复（自然岸线修复长度、滨海湿地修复面积）等指标。

③生态环境风险防范。

包括危险废物利用处置率、建设用地土壤污染风险管控和修复名录制度、突发生态环境事件应急管理机制等 3 个指标。

（3）生态空间

包括自然生态空间（生态保护红线、自然保护地）、自然岸线保有率、河湖岸线保护率等 3 个指标。

（4）生态经济

包括资源节约与利用和产业循环发展 2 个指标。

①资源节约与利用。

包括单位地区生产总值能耗、单位地区生产总值用水量、单位国内生产总值建设用地使用面积下降率、碳排放强度、应当实施强制性清洁生产企业通过审核的比例等 5 个指标。

②产业循环发展。

包括农业废弃物综合利用率、秸秆综合利用率、畜禽粪污综合利用率、农膜回收利用率、一般工业固体废物综合利用率等 5 个指标。

（5）生态生活

包括人居环境改善和生活方式绿色化 2 个指标。

①人居环境改善。

包括集中式饮用水水源地水质优良比例、村镇饮用水卫生合格率、城镇污水处理率、城镇生活垃圾无害化处理率、城镇人均公园绿地面积、农村无害化卫生厕所普及率等 6 个指标。

②生活方式绿色化。

包括城镇新建绿色建筑比例、公共交通出行分担率、生活废弃物综合利用（城镇生活垃圾分类减量化行动、农村生活垃圾集中收集储运）、绿色产品市场占有率（节能家电市场占有率、在售用水器具中节水型器具占比、一次性消费品人均使用量）、政府绿色采购比例等指标。

（6）生态文化

观念意识普及情况，包括党政领导干部参加生态文明培训的人数比例、公众对生态文明建设的满意度、公众对生态文明建设的参与度等 3 个指标。

附录 15　“绿水青山就是金山银山”基地的申请

（一）申报主体

申报主体为市、县级人民政府及其他建设主体。“绿水青山就是金山银山”基地应当以具有较好基础的乡镇、村、小流域等为基本单元，开展建设活动。

（二）申报条件

具备下列条件的地区，可通过省级生态环境主管部门向生态环境部申报“绿水青山就是金山银山”基地：

①生态环境优良，生态环境保护工作基础扎实；

②“绿水青山”向“金山银山”转化成效突出，具有以乡镇、村或小流域为单元的“绿水青山就是金山银山”转化典型案例；

③具有有效推动“绿水青山”向“金山银山”转化的体制机制；

④近 3 年中央生态环境保护督察、各类专项督察未发现重大问题，无重大生态环境破坏事件。

（三）申报流程

①申报“绿水青山就是金山银山”基地的地区应当编制“绿水青山就是金山银山”基地建设实施方案，并由地方人民政府发布实施；

②省级生态环境主管部门负责“绿水青山就是金山银山”基地的预审和推荐申报工作，严格把关并择优向生态环境部推荐；

③省级生态环境主管部门在推荐申报前，应当对拟推荐地区公示，公示期为 5 个工作日；

④省级生态环境主管部门应当根据预审情况、公示情况形成书面预审意见及推荐文件，上报生态环境部。

（四）申报方案编制

（1）建设背景与意义

（2）区域概况

包括区位概况、自然状况、资源状况和经济社会状况 4 个方面。

（3）“绿水青山就是金山银山”实践探索成效与问题分析

①“绿水青山就是金山银山”实践探索进展与成效

梳理总结“绿水青山”向“金山银山”转化路径探索工作所取得的进展和成效，包括构筑绿水青山、保值增值自然资本，发展生态经济、绿色富民惠民、推动“绿水青山就是金山银山”转化，创新体制机制，长效保障“绿水青山就是金山银山”转化等方面。

②存在主要问题和挑战分析。

剖析在“绿水青山”向“金山银山”转化路径探索中存在的主要问题，以及面临的机遇和挑战，包括生态环境保护、绿色发展、绿色惠民共享、创新体制机制、弘扬“绿水青山就是金山银山”文化等方面。

③凝练总结已有的典型案例

聚焦乡镇、村、小流域等基本单元在“绿水青山”向“金山银山”转化方面已形成的具有典型性和地方特色的实践案例。

（4）总体思路

①指导思想；②基本原则 ；③总体目标“绿水青山就是金山银山”基地建设三年总体目标要求；④建设指标参照“绿水青山就是金山银山”指数评估指标，制定具有本地特色的建设指标。

（5）重点任务

重点任务包括加强自然生态空间用途管控，守住绿水青山；提高生态产品供给能力，保值增值自然资本；推进绿色高质量发展，推动“绿水青山”向“金山银山”转化；打造“绿水青山就是金山银山”文化品牌，推动绿色惠民富民；深化生态环境领域改革，探索长效保障机制，推动绿水青山源源不断地带来金山银山；探索转化有效路径，形成特色转化模式等方面。

（6）工程项目

针对建设目标指标和重点任务，提出相关具体工程项目。

（7）保障措施

重点包括组织领导、目标责任落实、监督考核、资金保障、科技支撑、宣传教育、人才培育和队伍建设等方面。

（五）“绿水青山就是金山银山”指数评估指标体系

“绿水青山就是金山银山”指数作为“绿水青山就是金山银山”基地后评估

和动态管理的重要参考依据，主要包括构筑绿水青山、推动“绿水青山”向“金山银山”转化、建立长效机制3方面。“绿水青山就是金山银山指数”用于引导“绿水青山就是金山银山”基地明确建设目标、重点任务和建设方向，相关指标及指标目标值不作为“绿水青山就是金山银山”基地遴选门槛。

（1）构筑绿水青山

包括环境质量和生态状况2个指标。

环境质量包括环境空气质量优良天数比例、集中式饮用水水源地水质达标率、地表水水质达到或优于Ⅲ类水的比例、地下水水质达到或优于Ⅲ类水的比例、受污染耕地安全利用率、污染地块安全利用率等6个指标。

生态状况包括林草覆盖率、物种丰富度、生态保护红线面积、单位国土面积生态系统生产总值等4个指标。

（2）推动“绿水青山”向“金山银山”转化

包括民生福祉、生态经济、生态补偿、社会效益等4个指标。

民生福祉的指标为居民人均生态产品产值占比。

生态经济包括绿色有机农产品产值占农业总产值比、生态加工业产值占工业总产值比重、生态旅游收入占服务业总产值比重等3个指标。

生态补偿的指标为生态补偿类收入占财政总收入比重。

社会效益包括国际国内生态文化品牌和“绿水青山就是金山银山”建设成效公众满意度2个指标。

（3）建立长效机制

包括制度创新和资金保障2个指标。

制度创新包括“绿水青山就是金山银山”基地制度建设和生态产品市场化机制2个指标。

资金保障的指标为生态产品市场化机制。

参考文献

[1] 徐桂茹，王宇佳 . 新环保形势下“环保管家”服务内容综合分析 [J]. 上海船舶运输科学研究所学报，2021，44(2)：79-83.

[2] 蔡德明，任雁 . 基于环保管家的发展模式与价值分析 [J]. 皮革制作与环保科学，2021，2(12)：174-175.

[3] 张海峰 . 新形势下环保管家服务模式探索 [J]. 化工管理，2021(18)：27-28.

[4] Hoover Katherine Street. Children in nature: exploring the relationship between childhood outdoor experience and environmental stewardship[J]. Environmental Education Research，2021，27(6).

[5] 马先慧，郭文凯，靳建超，等 . 园区环保管家服务工作的应用 [J]. 化工管理，2021(16)：51-52.

[6] 李建忠，魏璐芸，杨慧萍，等 . 生态类项目全过程环保管家服务框架研究及其在水利工程中的实践 [J]. 水利规划与设计，2021(5)：14-19，93.

[7] 王坤 . 环保管家对企业危险废物管理提升的探索 [J]. 资源节约与环保，2021(4)：116-117.

[8] 陈声才，邓勇，陈洪声，等 . 环保管家发展的制约因素分析 [J]. 山东化工，2021，50(7)：265-266.

[9] 惠少妮，齐苗强 . 环保管家服务实例探索——以山西某热力公司为例 [J]. 节能与环保，2021(2)：32-33.

[10] 黄玉梅 . 环保管家服务工作面临的挑战与发展路径 [J]. 绿色环保建材，2021(1)：29-30.

[11] 郑鹏 . 环保管家服务模式的分析与探讨 [J]. 环境保护与循环经济，2021，41(1)：102-104.

[12] 陈俊良 . 工业园区开展环保管家服务的作用和途径 [J]. 黑龙江科学，2020，11(18)：130-131.

[13] 许西安，甄天坷，刘振洋，等 . 新形势下环保管家服务工作的应用与探索——以长寿经济技术开发区为例 [J]. 资源节约与环保，2020(11)：130-131.

[14] 文靓，罗迪，黄忠 . 企业引入环保管家机制的优势分析——以自贡某公司为例 [J]. 资源节约与环保，2020(10)：146-148.

[15] 程新 . 环保管家在中小型工业园区的应用 [J]. 冶金动力，2020(10)：77-81.
[16] 范晓鹏 . 基于智慧环保的互联网 + 环保管家模式探讨 [J]. 环境与发展，2019，31(12)：202-203.
[17] 陈俊良 . 工业园区开展环保管家服务的作用和途径 [J]. 黑龙江科学，2020，11(18)：130-131.
[18] 李晓星，傅尧，刘菁钧 . 环保管家模式探索 [C]. 中国环境科学学会 2021 年科学技术年会论文集（三），2021：721-725.
[19] 苏振旺，邓立锋，黄友华，等 . 关于环保管家共享服务平台模式及优势的探讨 [J]. 资源节约与环保，2020(7)：145-146.
[20] 余梦宇，陈雨娇，李俊博 . 排污许可制度下的“环保管家”服务方案 [J]. 上海船舶运输科学研究所学报，2020，43(2)：80-85.
[21] 王任辉 . 新形势下环保管家在产业转型城市中的应用 [J]. 节能与环保，2020(6)：106-108.
[22] 郑幸成 . 工业园区环保管家服务工作探讨 [J]. 天津科技，2020，47(5)：31-33.
[23] 臧广辉 . Q 工业园区推行环保管家模式案例研究 [D]. 成都：电子科技大学，2020.
[24] 赵原 . 环保管家服务模式在工业园区的应用——以江西省某工业园区为例 [J]. 环境与发展，2020，32(2)：246-247.
[25] 向红梅 . 危险废物环保管家创新模式的建设研究和应用前景 [J]. 中国资源综合利用，2019，37(12)：166-169.
[26] 李香梅，华绍广，王玮 . 矿山“环保管家”新模式 [J]. 现代矿业，2019，35(12)：256-258，261.
[27] 林灿玉 . “环保管家”服务园区重点企业探究 [J]. 资源节约与环保，2019(6)：118.
[28] 高刚，王庆庆，刘斌，等 . 第三方机构开展企业环保管家服务模式的探讨 [J]. 资源节约与环保，2019(6)：127-128.
[29] 郭芳 . 无人机技术在“环保管家”领域的应用研究 [J]. 科技创新导报，2019，16(10)：251-252.
[30] 张晶华 . 新形势下铁路企业引入“环保管家”服务模式研究 [J]. 铁路节能环保与安全卫生，2019，9(1)：1-3，21.
[31] 潘畅，陈俊，周仲恺，等 . 环保管家发展现状研究 [J]. 环境与发展，2018，30(9)：194-197.
[32] 于静，褚福友 . 新形势下环保管家服务模式研究 [J]. 资源节约与环保，2018(9)：145.

[33] 董涵思 . “绿色智慧园区”——工业园区绿色发展新方向 [J]. 世界环境，2018(4)：74–75.
[34] 刘晓星 . 工业园区治污需要“环保管家”[J]. 环境经济，2018(13)：26–29.
[35] 熊佐芳，程海明 . 新形势下环保管家服务模式分析 [J]. 资源节约与环保，2017(11)：91，94.